猶太人的成功智慧與財富智典

猶太人的經營思考

林郁　主編

沒有能力買鞋子時，
可以借別人的，
這樣比赤腳走得快。

前言

三個猶太商人在家裡打了一個噴嚏，全世界的銀行都會接二連三的感冒！

五個猶太商人聚在一起，便能控制全世界的黃金市場。

你能用一籃雞蛋，換到一群羊嗎？到底猶太商人是怎麼辦到的？

你知道偷馬比偷騾子，罰金高達四百倍嗎？

為什麼猶太智典《塔木德》中會有這種律法？

世界各國各民族中都不乏精明之人，這是毫無疑義的，但是相互比較之下，他們對精明本身的態度卻大不一樣。猶太人不但極為重視精明，而且是堂堂正正的欣賞、器重、推崇，就像他們對錢的心態一樣。在猶太人的心目中，精明似乎也是一種相當自在之物，精明可以以「為精明而精明」的形式存在。

猶太人可說是世界上最聰明的民族，它向全世界貢獻了像馬克思、愛因斯坦之類最具智慧的思想及科學領域的頭腦。猶太人又是世界上最富有的民族，其中又以猶太商人為贏得巨額財富的代表，比如索羅斯、巴菲特等等。美國經濟的掌舵人艾倫．葛林斯潘、摩根、洛克菲勒、哈默，乃至傳媒娛樂界的路透、普立茲、派拉蒙的米克爾、華納四兄弟等等，都是謀取財富的高手。

猶太人善於投機或者說敢於投機，這同他們對錢的態度有很大的關係。在生意場上，猶太人眼裡看到的，只有商品，而商品只有一個屬性，那就是能生錢、能賺錢的東西。

正由於這一點，猶太人做生意時經營範圍可以大大超出一般商人的範圍。比如一般企業家對自己創立的公司都有一種特殊的情感，終身廝守，而子女繼承之後，帶上了一層家族榮耀的崇拜色彩。但對猶太人來說，出售自己的公司如家常便飯，只要能賺錢就行。因為在他們看來，創立公司本身就為賺錢，現在趁公司正在賺錢之際，把它賣了賺更大的錢，是完全順理成章的。

同樣道理，猶太人在做生意時，對於所借助的東西，也從不抱有什麼神聖感。

只要有利於賺錢、不違反法律，拿來用了就是，完全不必考慮過多，投機是一種手段和良心道德不抵觸。也因此，猶太人可以在別人看起來無可借助的條件下，也能完成他們想要達成的商業願望，也由於這種思維方式，而造就了世界第一流商人。

猶太人五千年來的商業智慧，說穿了就是承傳了他們民族的特質，可世人卻偏偏做不到、學不來，這其中奧祕到底為何？您不妨細細品味：讀猶太人的書，不要只流於文字的表面，應該更深入去把文字內涵的意義讀得通透，這樣您才能汲取猶太人做生意的神髓，只要瞭解了猶太人的賺錢妙方，你就能改變經營的招式，而獲得真正的助益！

CONTENTS

Lesson 01 經商的智慧比金錢更重要

Lesson 02

猶太商人的超級生意頭腦

Lesson 03

猶太財經界名人

Lesson 04

守約也有守約的智慧

Lesson 05

信用是商人最佳的通行證

Lesson 06 猶太人的傳奇商家

Lesson 01

經商的智慧比金錢更重要

我們唯一的財富就是智慧，

當別人說1+1等於2時，

你就應該想到大於2。

1 有智慧才有財富

有個老拉比跟一名年輕的拉比在交談。

「這個世界充滿了矛盾，就連這個市鎮也不例外。富有的人能夠以記帳的方式買東西，而貧窮的人為何就必須用現金交易呢？」年輕的拉比如此說。

「這件事情很簡單呀！富有的人多的是錢，貧窮的人卻是沒有錢。因此，商店如果以記帳的方式跟窮人交易的話，商店不倒閉才怪。」年老的拉比以一副理所當然的口吻回答。

「不過，話又說回來！正因為富有的人有的是錢，所以很適合現金交易，而窮人沒有錢，事後方才付錢又有什麼不可以呢？最需要用記帳買東西的是窮人，而不是富有的人呀！」

「你呀！為什麼到現在還不懂呢？如果信任沒有錢的窮人而賣給他們東西

的話，商店的老闆就會個個破產而變成窮人啦！」

「你才不懂呢！一旦商店的老闆變成窮人的話，他們也就可以使用記帳的方式來進貨了呀！」

約翰．洛克菲勒曾說：「你就是把我剝得身無分文，扔在沙漠裡，只要有一支駱駝隊經過，我還是能成為百萬富翁。」

有人說：美國人的財富在猶太人的口袋裡；而猶太人的財富裝在他們的腦袋裡。這話前半句是否準確可存疑，但以後半句來說明猶太人在商業行為中所表現出的智慧，卻頗為傳神。

如果你問猶太人什麼最重要，答案一定是：智慧。

知識固然重要，但它是用來磨練智慧的。智慧是終其一生，永遠相伴相隨的財富，它會永遠幫助你、庇護你。而知識不同，它可能給你帶來好運，帶來財富，不過，它會隨著時間的推移而變得陳舊過時。因此，人們必須不斷追求新知，知識才會常新。智慧是財富，遠勝於金錢。

把女兒嫁給學者

在猶太社會，多數人認為學者遠比國王偉大，學者才是眾人尊敬的中心。學識和謙虛同樣重要。一個人如果認為自己很幸福，他就一定是幸福的；但若他自認為很聰明，那他一定是個笨蛋。稻穗長得越豐碩，就會越低下頭來。同樣地，越有智慧的人，便會越懂得謙虛。

猶太商人以令人敬佩的商業智慧，獨步於變幻莫測的世界商海。他們尊重知識，渴望學習，重視教育，崇尚智慧。這一切，使他們具備了卓越的文化素養和精神底蘊。這便是猶太商人在商海中獨領風騷的根基所在。不過，要將知識轉化為財富，需要特殊的本領。當然，知識本身就是精神財富，但猶太人看重的是如何將知識轉化成實實在在的物質財富。這種特殊的本領就是人的悟性。猶太人視知識為財富，但更看重智慧，因為它是打開幸福人生和財富之門的金鑰匙。

猶太人對金錢的重視，人所共知。他們對於追求財富，崇尚金錢有著不可動搖的力量。但是，他們從未深陷到財富與金錢的泥潭中而不能自拔，他們一直以一種平和的心態對待財富、對待生活。這便是追求財富、享受生活的智慧。

那麼，猶太人的智慧從何而來？他們認為，智慧源於經歷生活，對經歷的認知以及對生活的感悟，又與知識緊密相關。沒有知識，人不太可能變得有智慧。知識的獲取，首先要做到尊重知識，追求知識，然後努力學習，不斷探索。學習，不但可以獲取各種知識，而且能夠讓人處於新知源源不斷的狀態，也能磨練人的心智，讓人永遠保持年輕與活力。因此，猶太人的智慧是以知識為基礎，以完善知識、提高心性和提升能力為目的，構建起一座寶貴的精神大廈。

猶太人尊重知識，重視教育，尊敬智者的傳統由來已久。《塔木德》便是猶太人知識和智慧的化身。猶太教的導師拉比是猶太人最為尊敬的族群，教育則被看成是如敬神般莊嚴而神聖的活動。《塔木德》說：「寧可變賣所有的東西，也要把女兒嫁給學者；為了娶得學者的女兒，就是喪失一切也無所謂。假如父親和拉比同時坐牢，做孩子的應該先救老師。」

各行業的佼佼者

猶太人之所以能以超凡的智慧縱橫於世界舞台，其中一個重要的原因，就在於猶太民族渴求知識的良好傳統，使他們具備了卓越超群的文化素養。猶太民族將知識視為他們真正能由自己掌握的財富，他們有著宗教般虔誠的求知精神。這種精神讓猶太民族耀眼於世界各個領域；不管是科技界、思想界、文化界、政界還是商界，猶太人個個出眾、獨領風騷。

在思想界，基督教的創始人耶穌、共產主義的創造者馬克思、精神分析學的開創者弗洛伊德、哲學大師斯賓諾莎、現象學大師胡塞爾、社會學和政治學的大師韋伯、符號學大師卡西爾，以及學術界的頂尖高手維特根斯坦、馬爾庫塞、弗洛姆、盧卡契、波普爾等等都是猶太人。

在文學和藝術領域，西方現代派文學的奠基人卡夫卡、詩人海涅、諾貝爾文學獎得主索爾·貝婁、音樂家孟德爾松、作曲家馬勒、世界超現實主義畫家畢卡索等等都是猶太人。

另外，在電影界，好萊塢的大導演史蒂芬·史匹柏，奧斯卡金像獎的獲得者達斯汀·霍夫曼、保羅·紐曼等都是猶太人。在政界，亨利·季辛吉、阿根廷第一夫人艾薇塔·貝隆、和平使者拉賓、以色列之父班·古里安都是猶太人。

而在自然科學界，猶太科學家更是不計其數；光是一個愛因斯坦，就已讓其他民族所有的科學家黯然失色。

在世界經濟舞台上，隨處可見猶太人卓越不凡的身影。經濟理論研究方面，有大衛・李嘉圖，諾貝爾經濟學獎得主K・阿羅、P・薩繆爾森、西蒙等等世界級的經濟學大師；經濟管理方面，有美聯儲主席葛林斯潘這樣的傑出代表；金融領域，華爾街的金融家近一半是猶太本人，約翰・摩根、萊曼、所羅門兄弟、喬治・索羅斯都是頂尖級的人物；實業界，洛克菲勒、繆塞爾、哈默的威名至今讓人震聾發聵；傳媒業，路透、普利茲等，還有CBS的威廉・佩利、NBC的薩爾諾夫、《紐約時報》的奧克斯等都是猶太人；影視娛樂界，好萊塢簡直就是猶太人的天下，最早的好萊塢開拓者，米高梅公司的創始人高德溫、華納兄弟，以及派拉蒙、福斯公司的創始人均是猶太人……

一個亡國千年的民族，不但沒有被滅族或被同化，反而變成各界的佼佼者。猶太人的非凡成就，與他們孜孜不倦，不斷探索各種新知的精神是分不開的。

猶太人求知精神的基點在於他們對知識有著深刻而實際的認識：知識就是財富。由此便產生了對知識近似貪婪的欲望。猶太人四處流浪，沒有家園，居無定所，缺乏生存和發展的權利保障，他們所到之處，惟一的支撐就是自己頭腦中的知識，靠知識創造財富，藉由財富、金錢，為自己爭得一條生路與一方生存發展的空間。物質財富隨時都可能被偷走，知識則永遠在身邊，智慧永遠相伴；有智慧、知識，就不怕沒有財富。這正是猶太人流浪數千年，依然生生不息的原因所在。

教育才是一切

套用現在的一個觀點，猶太人非常重視人力資本的投資，其中又以教育上的投資佔第一。猶太人深刻地體會到：教育投資即是經濟上的投資，因為知識是特殊形式的資本，它能起到放大其它資本（土地、貨幣）的作用。知識，包括腦的知識——學習，和手的知識——技能，是他們投資的濃縮和凝固的形式。猶太人在流散四方的過程中或移居新的居住地後，能迅速找到那些具有競爭優勢的位置，從而站穩腳根，恢復元氣，進而興旺發達起來，這種智力資本起了至關重要的作用。

以色列是個小國，資源貧乏，既缺水，又缺能源，且沙漠比重大。但是，它擁有豐富的人才。數十年來，世界各地的猶太人紛紛移民到自己的祖國，他們帶來了資金，更帶來了知識、技術、特長；他們將這些知識用於國家建設，以色列因此迅速地崛起。這個國家有世界上最高的教育水平，擁有最好的人才培養機制。這個國家獨創了舉世聞名的農業技術，靠貧瘠的土地養活了自己，還大量出口農產品；這個國家擁有世界上一流的工業技術，特別是通信電子方面，更居於世界前列。所有這些奇蹟，靠的就是知識。

在全世界任何地方，猶太人憑著自己擁有的「可以隨身帶走」的知識，躋身於知識要求高、流動性強的各種行業，特別是金融、商業、教育、科技、律師、娛樂、傳媒行業。在美國，華爾街的精英中近一半有猶太血統；律師中 30％是猶太人。科技人員中一半以上是猶太人；特別是在 IT 行業，猶太人非常出色。至於傳媒界的《紐約時報》、《華盛頓郵報》、《新聞周刊》、《華爾街日報》和全國三大電視網 ABC、CBS、NBC 等等，都是由猶太人當家。如前所述，時代華納公司、米高梅公司、福斯公司、派拉蒙公司都是猶太人創立的。在美國，全國前四百名巨富中，猶太人佔了近三成。我們不得不感嘆猶太民族神祕的知識力量——知識竟然能煥發出如此巨大的力量，拯救且復興了這個古老而年輕的民族。

我們不禁要問：為何在其他民族中，知識沒有體現出如同在猶太民族中所體現的那樣巨大而深刻的作用？我們甚至忍不住要追問：猶太民族何以能讓知識保持長久的魅力，並能存舊納新，不斷繁榮？

答案就是——不停的求知精神與教育投資！

學習就是美德

在猶太教中，勤奮好學不僅是次於敬神的一種美德，而且是敬神本身的一個組成部分。這種宗教般虔誠的求知精神在商業文化中的滲透，內化為猶太商人孜孜不倦，探索求實的商業精神和銳意進取的創新意識。他們在知識海洋中積累的豐富知識，又對形成猶太商人所特有的謀略與智慧，發揮了文化滋養的作用。試問：可以設想，一個目不識丁的人或知識缺乏者在商業舞台上會有運籌帷幄，從容應對的大智慧嗎？

《塔木德》中寫道：「無論何人，若為鑽研《托拉》而鑽研《托拉》，均值得受到各種褒獎。不僅如此，整個世界都受惠於他。他被稱為一個朋友，一個可愛的人，一個愛神的人；他將變得溫順、謙恭，他將變得公正、正直、虔誠信仰；他將能遠離罪惡，接近美德；通過他，世界享有了聰慧、知性和力量。」（托拉，是希伯來文經卷中最重要的經書，後來出現的《塔木德》就是專門為《托拉》做出注釋、解說的經典。）

學習之所以為善，在於其本身是一切美德的本源。

十二世紀的猶太哲學家，猶太民族的亞里士多德，精通醫學、數學的的蒙尼德更明確地把學習規定為一種義務：

「每個以色列人都必須鑽研《托拉》。甚至一個靠施捨度日，不得不沿街乞討的乞丐，一個要養家糊口的人，也必須擠出一段時間鑽研。」這一原則所帶來的結果是形成一種幾乎全民學習、全民都注重文化的傳統。

這樣一種學習的傳統，作為一種卓有成效的培養、激發人們的學習積極性的價值觀，深深浸透著猶太人的獨特智慧，也促成了猶太智慧的發揚光大。

在人類的價值體系中，粗略地可以區分出兩大類價值：一類是工具價值；另一類是目的價值。

所謂工具價值，即本身是作為取得其它價值之手段的價值。這種價值是否有價值，不取決於其本身，而取決於它能否成功地導向或實現另一價值。

所以，任何一種社會事物，包括人的活動樣式，為了使其自身即可維持下去，必須首先成為目的本身，成為不以其它事物為評判尺度的自足之物，為學習而學習，學習的過程就是目的本身，知識的獲得就是目的的實現。有了這樣的觀念和心態，才可能孜孜不倦、無悔無怨地勤學不輟。

在學習的效果上，猶太民族同樣表現出自己的聰明與智慧。人類文明的發展與發達，無非靠著兩樣東西的積累：（一）是物質形態之成果的積累。（二）是觀念形態之成果的積累。人類在這兩種積累及其結合的基礎上，我們的社會才會不斷地加速度向前發展。

第一種積累，猶太人歷來大有貢獻。只是，歷史處境常迫使他們的積累，連同本人一起化為烏有（如納粹大屠殺）。

第二種積累，猶太人甚至可以說更有貢獻。僅僅一本《聖經》，對人類歷史的影響，已經足以證明，即使在宗教神學的外衣下，猶太學問在人類認識自身、開拓自身、約束自身方面已積累了纍纍碩果。

以學習為職責的猶太人，「取法乎上，得其中；取法乎中，得其下。」在履行職責的同時，得到的是其他許多民族夢寐以求的興旺、發達。

在世界民族之林中，猶太人總表現出一種打破砂鍋問到底的求知精神。對於任何問題，他們都務求徹底了解。一知半解是他們最憎惡的。事無大小，他們絕不會不懂裝懂或不求甚解，而是不懂必問，且敢於不恥下問；從不以問為恥，而是以問為榮。這種徹底的求知精神，使他們積累的知識越來越豐富，最終成為縱橫世界，學識淵博的卓越民族！

2 智慧是勝過金錢的財富

修華茲是紐約城裡很成功的生意人。

現在，他跟友人法蘭凱在羅斯福飯店吃午餐。在用餐的當兒，他從口袋裡取出一個紅寶石戒指給法蘭凱瞧瞧。

「你看，這個戒指漂不漂亮？上次我去委內瑞拉時買的。後天就是我老婆的生日，我想把這個戒指送給她。」

「乖乖，真漂亮，你用多少錢購買的呢？」

「一萬兩千美元。」

法蘭凱把戒指拿在手裡，非常高興地說：

「那麼，你就以一萬四千美元把它賣給我吧！」

修華茲稍微想想，他認為可以多賺兩千美元，於是就把戒指賣給了法蘭凱。

法蘭凱歡天喜地的拿著戒指回去。

另一方面，修華茲在回到辦公室以後，左思右想，還是認為紅寶石戒指最適合當老婆的生日禮物，以致又打電話給法蘭凱說：

「喂！喂！是法蘭凱嗎？我還是認為送那個戒指給老婆最為妥當。我可以付你一萬六千美元，你就讓給我吧！」

在電話那邊，法蘭凱稍微考慮了一下。他如此的想——僅僅在三個小時裡面就可以賺到兩千美元，實在很划算，因此隔著電話說：

「好吧！那我就叫祕書把戒指帶給你。」

說完，就把電話掛斷了。

這麼一來，紅寶石戒指又回到了修華茲身上。法蘭凱的祕書帶來戒指時，修華茲的朋友哥伯德正在那兒。他看到了紅寶石戒指就說：

「哇！太漂亮啦！你能不能割愛呢？」

「你要出多少價格呢？」

「你要多少錢才肯放手呢？如果是一萬九千美元如何？」

於是，修華茲決定把它賣出去了，哥伯德就帶著戒指回去了。

不久以後，第一個買主法蘭凱又打電話來說：

「修華茲，想來想去，我還是要那個戒指。我就讓你賺兩千美元，你再把它賣給我嗎！」

「那太不湊巧啦！哥伯德把戒指買走啦！」

「修華茲，你笨透啦！我倆在一個下午裡，彼此就賺了好幾千美元，想不到你卻把戒指賣出去了！如果我倆每天如此繼續下去的話，不久以後，我們兩人就會變成大富翁了呢！」

智慧就是對世界的體悟和對生活的認識，以及對知識的掌握和運用。猶太人對知識的崇尚，可說到了無以復加的程度，因為有了知識才能產生智慧。

一個猶太母親曾這樣問自己的孩子：

「假如有一天，你的房子被燒毀，財產被搶光，你會帶什麼東西逃跑？」

這個問題飽含著猶太人流浪漂泊的血淚史。

大多數孩子的回答是錢或鑽石、黃金。

母親進一步問：「有一種沒有形狀、顏色、氣味的東西，你知道那是什麼嗎？」

孩子回答說，是空氣。

母親說：「空氣固然重要，但它並不稀有。孩子，你要帶走的東西不是錢，不是鑽石，而是智慧。因為智慧是任何人都搶不走的。只要你還活著，智慧就永遠跟隨你，無論逃到什麼地方，你都不會失去它。」

猶太人是書的民族

「一個人在旅途中，如果發覺一本未曾見過的書，他一定會買下它，帶回家與故鄉人共享。」

「生活困苦之餘，不得不變賣物品以度日，你應該先賣金子、鑽石、房子和土地。直到最後一刻，仍然不可以出售任何書本。」

「即使是敵人，當他向你借書，也要借給他。否則，你將成為知識的敵人。」

「把書本當作你的朋友，把書架當作你的庭院。你應該為書本的美麗而喜悅，採其果實，摘其花朵。」

猶太法規中規定：有人來借書，不把書借予他的人都要被扣以罰金。另外，猶太家庭有一個代代相傳的傳統：書櫥必須放在床頭而不可放在床尾（腳是朝向床尾的）。對書本不敬是絕對不允許的。

在猶太社會，幾乎每個人都認為學者比國王偉大，學者才是眾人尊敬的中心，可見他們對知識的重視。不過，猶太人看重知識，又不止於知識，他們更親近智慧。對於那種讀了很多書滿腹知識，卻又不懂得知識的運用之道，缺乏智慧的人，他們喻之為「背著很多書本的驢子」，很難派上用場。

知識必須用在對的方面，知識是為了磨練智慧而存在。只知讀死書或死讀書之人是食古不化，等於把書放在書櫥中而沒有翻看，徒然浪費時間罷了。

猶太人最尊敬那些被尊稱為「赫黑姆」的人，赫黑姆就是代表「智慧」，代表「謙虛」。「赫黑姆和有錢人，哪個偉大？當然是赫黑姆。因為赫黑姆知道金錢的可貴，而有錢人卻不知赫黑姆的可貴！」

智慧遠勝於金錢

猶太人將知識與求知活動抬高到這樣一種「自身即為目的」的境界，雖然有助於知識和學者之地位的提高，有助於教育的發達，但若僅僅停留於這一近似「形式」的層面，猶太民族很可能只會成為一個學究的民族。好在猶太人對於知識問題還有一個相當實際的認識：知識就是人生最大的財富。

有一次，在一條船上，乘客多是腰纏萬貫的大富翁，惟獨有一個是猶太教堂的窮拉比。

富翁們聚在一起，彼此炫耀財富的多寡。拉比聽了許久，說道：「據我之見，我才是最富有的人。不過，現在暫時不向各位展示我的財富。」

航行途中，客船遭到海盜搶劫，富翁們的金銀珠寶和所有財產都被搜刮一空。海盜離去之後，客船好不容易才抵達某個港口。

拉比的高深學問立即受到港口鎮民的賞識，他開始在學校裡開班授徒。

不久，這位拉比遇到先前同船而來的那些富翁，他們一個個處境淒慘、十分落魄。這時，他們看到拉比受人尊敬的樣子，一個個明白了當初他所說的「最富有的人」，不禁感慨地說：「您的確說得對，擁有豐富的知識的人，就擁有無盡的財富。」

從這則故事中，猶太人得出的結論是：「由於知識不會被掠奪且可以隨身帶走，所以教育是人類最重要的資產。」

猶太人的這個結論十分直觀、十分實際。在當今世界，知識就是財富，受教育程度同收入成正比，幾乎已經成為一條嚴格的定律。

以美國為例（大約是一九七〇～九〇年間），一個高中畢業生一生中大約比一個初中畢業生多掙十萬美元，大學畢業生又比高中畢業生至少多掙二十萬美元。而在佔世界猶太人總數達38％的六百萬美國猶太人中，高中畢業生當時已達84％，大學生32％。相比之下，全美總人口中，只有35％的高中畢業生和17％的大學畢業生。

僅僅這個差別，已構成美國猶太人與其他少數族群的巨大差異：一九七四年，美國猶太家庭平均收入一萬三千三百美元。而白種人中（有色人種就更不用說了）非猶太族群的家庭平均收入只有九千九百美元。前者比後者高了34％。

對個人來說是如此，對國家來說也同樣如此。用當了總統後又去當教育部長的伊扎克・納馮的話說，就是：「教育上的投資就是經濟上的投資。」而且，「教育上的投資」豈止僅僅是「經濟上的投資」，知識還是一種特殊形態的財富。「不被搶奪且可以隨身帶走」，這是一個多麼大的優點！只有猶太人才可能這麼早就領悟、發現以及讚美這樣的優點。

在相當長的一段時期內，猶太人一直像面對逾越節前夕一般，身著行裝，隨時準備踏上旅途。而且，上路之前，往往還會遭到一場洗劫。他們的不動產帶不走；錢幣帶得走，卻常常遭到暴徒的搶掠。真正別人搶不走，可以由他們自己帶走的，惟有他們的信仰、知識和智慧。

既然猶太人的信仰通常是增加他們開支的一個大因素，那麼，真正可以轉化為物質形態之財富的就只有知識了。知識包括頭腦的知識——學問，和雙手的知識——技能。這就是他們所有投資的濃縮和凝固之形式。

將沙漠變為綠洲的本事

猶太人在流散四方途中或到達新居住點之後，能迅速找到那些缺乏教育者無法與之競爭的好位置，從而站住腳，恢復元氣，甚至興盛起來，這筆「資本」所起的作用至關重要。以色列自一九四八年建國以來，能在短短幾十年內迅速崛起，某種意義上，同樣是這筆「資本」所起的作用。

以色列的自然資源十分貧乏，不但缺少水資源，也缺少石油資源。但是，以色列的人才資源異常豐厚。數十年來，歐美及前蘇聯等地的許多一流人才都通過移民的方式，匯集到這個小小的國家。他們帶來了自己的知識、技術、專長。換言之，他們帶來了他們教育投資的全部，從而使以色列從建國之日起，就成為世界上教育水平最高的國家。這為以色列繼續培養人才打下了基礎。如今，以色列已經是一個教授和醫生都已過剩的國家。據統計，以色列人均產值增長的部分中，有三分之一甚至二分之一是靠提高生產率取得。地處沙漠邊緣的以色列，卻以只佔總數5%的農民養活了全國居民。

對於個別的猶太人來說，知識那種「可以隨身帶走」的靈巧性，也為他們選擇同樣「可以隨身帶走」的靈巧職業帶來極大的便利。

在任何地方，猶太人都相對集中於金融、商業、教育、醫學和法律行業。二十世紀70年代初，美國猶太人的職業構成中，這類專業性、技術性、經營性工作所佔的比重，男子為70%，女子為40%；而同期全美平均卻分別只佔28.3%和19.7%。在最為靈巧，收入最高的兩大行業，醫生和律師中，猶太人的比例更是歷來奇高：一九二五年，普魯士約有33%的醫生和2%的律師是猶太人；在猶太人僅佔4.5%的羅馬尼亞，有三分之一以上的醫生（包括獸醫）是猶太人。70年代末的美國，約有三萬名猶太醫生，佔私人開業醫生總數的14％；約有十萬名猶太律師，佔律師總數的20％。

看著這些令人不無枯燥之感的數據，不能不感嘆猶太民族、猶太文化和猶太智慧的神祕力量：一個古老民族保存了幾千年的價值觀念和技術，卻能同現代社會如此和諧地相吻合。世人不能不如此猜想：這其中是否真有上帝的安排？

知識勝過財富。這是猶太人較其他民族更重視教育的原因之一，也是他們成為世界上最優秀之民族的原因之一，更是他們傑出智慧的表現。

人類社會已進入資訊爆炸的時代，我們需要學習、需要了解的東西實在太多了。面對紛繁複雜的資訊，面對層出不窮的新知識、新理論、新觀念，我們要嘛佇立不前，要嘛衝上去卻湮沒其中。我們究竟該如何關注資訊，了解社會，掌握知識，這是每一個人，尤其是每一個想有所作為的人，需要認真思索的問題。

根據猶太人的經驗，智慧源自學習、觀察和思考。這說法或許空洞而簡單，但人最難做好的往往就是看似簡單的事。

一、學習

學習可磨練人的心性和思維。只有不斷地學習，一個人才能進入一種不斷更新完善的狀態。猶太人視學習為義務、視教育為「敬神」。我們知道，知識源於實踐和經驗。但個人由於受時空和自身的限制，不可能什麼都自己去實踐，去經歷，更多的是承繼自別人既有的經驗。書本無疑是知識的主要載體，它是新知識、新技術和新資訊的倉庫，它可以豐富頭腦，啟迪思維。因此，學習是使人智慧的第一條件。據統計，最近十年內發展起來的工業新技術，30％已過時；電子產品的壽命周期更縮短到三年左右。

「摩爾定律」即昭示世人，資訊、技術的快速更新是擋不了的趨勢。在這樣一個多變的世界，任何固步自封、因循守舊、缺乏遠見和不求上進的作為都是走向失敗的前奏。猶太人深明大義，不但自己不斷學習，更要求別人也要學習，特別是竭力培養後代增強學習的精神，讓他們成為文化素質高，懂知識，樂於學習和進步的新一代。

至於學習之法，猶太人指出：（一）是要善於尋找學習的資料，切不可盲目為之。（二）是掌握重點，不可平均用力，對精要部分要讀懂讀透。（三）是借腦袋讀書。為人上司者可以讓下屬去讀他自己想要讀卻沒有時間、精力或不值得花大量精力、時間去讀的書，然後讓他們把核心內容或要領歸納起來告訴他。（四）是善於向人學習，同人交流、討論。另外，電視、廣播、網路都是學習的有效渠道。

二、要學會觀察

知識是死的東西。直到我們將它用來觀察世界，分析問題，它才能「活」起來。知識通過人的感觀和思維，與實在的事物和存在的問題或現象發生聯繫時，其價值才得以體現。所以，觀察是學會運用知識的重要步驟。

3 猶太人的機智

在不可以工作的安息日裡，有一個猶太商人站在店門口大聲招呼客人。「請各位進裡面參觀，今天本店一切商品均以半價優待哦！」

路過的一位信仰堅定的猶太人皺著眉頭說：

「今天是安息日，你竟然做起生意來？」

「開玩笑，『半價優待』能算是做生意嗎？」

明明是違背安息日的禁忌，可猶太商人就是有本事遊走在禁忌的邊緣，或對禁忌提出不同的解說，真是叫人佩服不已！

聰明的富翁

再讓我們看一則猶太人展現機智的故事。

有個猶太富翁病入膏肓，死期已近，便口述遺書，讓人記錄下來：「我將所有財產留予送達此遺書至你處的忠實奴僕。但我兒尤第雅可由這之中選擇一項繼承之。」

猶太富翁不久死去，奴隸得了財產，興沖沖地將遺書拿去給拉比看。然後，就由拉比陪同一起去見富翁在外地的兒子。

拉比對富翁的兒子尤第雅說：「你父親已將財產贈予奴隸了，你只能取其中一件東西。現在就由你自己選擇吧！」

尤第雅毫不猶豫地說：「我選擇這個奴隸。」

因此，聰明的尤第雅既擁有奴隸，又擁有了財產繼承權。

故事中的富翁非常聰明。根據猶太的法律，奴隸的一切都是屬於主人的，因此他臨死時兒子不在身邊，便想出這條計策，免得那奴隸侵吞他的財產而不通知他的兒子。真是有其父必有其子，他的兒子也是絕頂聰明。

保守祕密是值得依賴的試金石。然而，如何保守祕密，不是容易事兒。常有人從甲處聽來祕密而傳給乙，似乎是對乙很信任，其實他已經辜負了甲對他的信任。

有位拉比說：「只要祕密仍在你手中，你就是祕密的主人；祕密說出之後，你便成了它的奴隸。」

上述故事中那個臨死的富翁很機智，他不但保證了他的奴隸會將遺書送到兒子手中，而且最終把自己的財產全部留給兒子而不被奴隸吞掉。那位拉比也很機智，他並沒有直接說出遺囑中暗含的玄機，從而為富翁保守了祕密。當然，富翁的兒子更是機智無比，聰明絕頂！

商人的謀略

有個猶太商人到一個市場做生意。他得知再過幾天這裡會進行一次商品的大拍賣，於是就決定留下來等待。可是，他身上帶了不少金幣，當時又沒有銀行，放在旅店也不安全。

經過反覆考慮，他獨自來到一個無人的地方，在地裡挖了一個洞，把錢埋進去。可是，次日回到藏錢的地方，他發現錢已經丟了。他楞在那裡，不斷回想藏錢的情景。當時附近沒有一個人啊！他怎麼也想不出錢是怎樣丟的。

正當他納悶之際，無意中一抬頭，發現遠處有間屋子。可能是那屋子的主人正好從牆洞裡看到他埋了錢，事後將錢挖走。那怎樣才能把錢要回來呢？

經過認真考慮，他去找那屋子的主人，客氣地說：「您住在城市，頭腦一定很聰明。現在我有一件事想請教，不知是否可以？」

那人熱情地回答：「當然可以。」

猶太商人說：「我是來這裡做生意的外地人，身上帶了兩個錢袋，一個裝了八百金幣，一個裝了五百金幣。我已把小錢袋悄悄埋在沒人的地方。但不知道這個大錢袋是交給能夠信任的人保管，還是也去埋起來比較安全？」

屋子的主人答道：「您初來乍到，什麼人都不可相信，還是將大錢包一塊埋在藏小錢包的地方吧！」

待猶太商人一走，這個貪心不足的屋主馬上取出偷來的錢袋，跑去放回原來的地方。這下可把躲在附近的猶太商人樂壞了。等那人一走，他馬上將那錢袋挖了出來，一溜煙跑了。

這個猶太商人能夠將落入別人口袋的東西又拿回來，手段確實高明。因為他知道貪心的人貪欲必會無限膨脹。要讓小偷把錢交出來，只能激起其更大的貪心。這個猶太人的機智就表現於巧妙地利用了人的這種貪欲之心。

經濟上的借貸行為在商人之間再平常不過。那麼，借貸關係建立後，是債主急，還是債務人急呢？猶太人一針見血地指出：肯定是債主。這很符合現代社會的實際情況。看看那些欠銀行一屁股債的大爺、闊少，個個神氣活現，而銀行卻又不敢動他們，深怕真絕了他們的財路，就一個子兒都收不回。猶太商人可謂深諳其中之道理。而且，對於討債，他們自有高招。

梅思是個服裝商，向布商卡拉批發了一千四百美元的布料，卻一直未結賬。卡拉派人去催了幾次款，梅思每次要嘛避而不見，要嘛悄悄溜掉。給他寫了幾封信，梅思仍然不理不睬。這使卡拉束手無策，只能乾著急。

這時，卡拉的一個猶太朋友給他出了點子：

「你不妨寫一封催款信給梅思，要他盡快還你二千四百美元的貨款，看他如何？」

嘿！這招還真有效，卡拉的信剛發了三天，梅思就回信了。信中說：

「卡拉，你這混蛋是不是腦子出了問題啦？我明明只欠你一千四百美元的貨款，你為什麼胡亂要詐我二千四百美元？隨信寄還一千四百美元。以後再也不和你做生意啦！要打官司嗎？我隨時奉陪！」

猶太朋友的這帖討債祕方，實際上是一招非常巧妙，以攻為守的心戰手法。卡拉原本很被動，只要對方躲他，他就毫無辦法。打官司吧！又不值得。而梅思之所以避而不見，只是想拖著暫時不還，並不是想徹底賴賬。現在一千四百美元的債務突然變成二千四百美元，這就使他不得不回信辯解了。否則，一旦真打起官司，那就得不償失了。這樣，原先主動的梅思正好上了猶太人「以訛詐訛」之計，一下子變為守勢。為了免去更大的麻煩，他只好還債。

商業場上很難一帆風順。如何面對困境，從容應付？如何面對危險，機智化解？這都是成功的商人所必須具備的素質。

4 學識淵博的猶太商人

聽到查理生意倒閉的消息，吉達夫嚇得臉色蒼白地趕了過來。

「查理，你忍心讓你多年老友遭受到損失嗎？」

「吉達夫，請你放心，我決對不會讓你損失分文，其他債權人大概也可以按三成計算來清理，不過後來向你進的貨，到目前仍原封不動。」

「什麼？難道你想把貨物退還給我嗎！那樣做我就吃大虧了！還是讓你以三成清理掉吧！」

隨著時代的變化，今日的世界可說是商人的世界，也可以說商人創造出了新世界。「商人」這個名詞變得吃香起來。但是，一般人仍然認為，商人只要有錢，有無知識都無所謂。他們把商人和知識隔離開來。也就是說，我們經過千百年歷史，終於開始重視商人，但他們對商人的崇拜，只是對金錢盲目崇拜的一種轉移。至於商人應該具有哪些素質？什麼樣的商人才能賺取更多的錢？他們知之甚少。

商人不能不讀書

從這一點上看，猶太人可比我們聰明多了。他們懂得把金錢和知識聯繫起來，強調商人同樣得學識淵博。

與猶太人待在一塊，你很快就會發現，猶太民族的確知識豐富。猶太人很健談，話題很多，而且涉及各個方面，大到世界政治、人類的生存，小到節假日消遣；長到世界歷史、民族文化，短到近期的體育新聞；不管是經濟、政治、法律、歷史，還是生活中的小細節，他們都能滔滔不絕，談得頭頭是道。猶太人有如此豐富的知識，實在令人敬佩。

正因為擁有豐富的知識，武裝了頭腦，猶太人的經商才總是立於不敗之地。在他們眼裡，知識和金錢成正比。只有掌握了知識，特別是掌握了業務知識，在經商中才不致走彎路，才能當先到達目的地，更快地賺到更多的錢。

猶太商人認為：一個商人擁有各方面的豐富知識，是他必須具備的基本素質，是在生意場上能夠賺錢的根本保證。因為擁有豐富的學識，視野就會變得更開闊，而擁有開闊的視野會對商人形成更正確的判斷，這種作用實在太大了。

在猶太人看來，一個僅能從一個角度觀察事物的人，不但不配做個商人，簡直不能算是個完整的人。

一個猶太鑽石商曾這樣問他的合夥人：「你知道大西洋底部都有哪些特殊的魚類嗎？」鑽石與大西洋的魚類似乎搭不上半點關係，問這個問題是不是有點牛頭不對馬嘴？猶太人為何提出這樣的傻問題？

這位猶太人當然不傻。在他看來：一個鑽石商人需要的是一個豐富的頭腦。假如他連「大西洋有哪些魚類」這樣生僻的問題都能瞭如指掌，那他對鑽石的業務知識的了解就不可能不精闢。同這樣的商人合作，準賺錢。

我們就以經營鑽石為例，談一談商人學識淵博的重要性。

鑽石是一種昂貴商品，也是屬於「女人」的商品。按猶太人的經商法來說，鑽石是一種很賺錢的商品。

可是，在日本，許多商場雖然都擺設了金光閃閃，美麗無比的鑽石製品，但生意始終冷冷清清。是不是猶太人的經商法失靈了呢？

猶太人的經商法從來不會失靈，生意失敗的原因在於經營者由猶太人變成日本人或其他國人。為什麼？日本人不就是模仿猶太商人成功的先例，才做起鑽石生意嗎？問題的關鍵在於光靠模仿遠遠不夠，模仿的背後還必須掌握豐富的知識。否則，簡單的模仿只能是「邯鄲學步」（指模仿別人不到家，反而把自己會的東西忘了）。

商人必須學識淵博。這是猶太人提出的口號，也是他們的經商法則。學識淵博，不僅能提高商人的判斷力，還可以昇華他們的修養和風度。一個文質彬彬的人和一個粗俗不堪的人，分別去應酬同一宗生意，成功的天平必然傾向前者。

鑽石是貴重商品，顧客一般都是有錢的社會上層，他們穿戴考究，舉止高貴，出入的場合必然豪華。一個學識淵博的商人，除了必然了解自己的商品以外，還懂得掌握自己的商品所針對之顧客的心理，盡力滿足他們的需要，選取合理的場所，必要時還能客氣而又不失風度地與顧客周旋，取得顧客的信任與重視。這樣一來，生意就成功了一半。可是，如果經營者是一個見聞狹隘、學識粗淺的商人，他既不懂得怎樣設置店面，創造氣氛，也不知道怎麼招攬顧客，更不知道怎樣樹立自己的信譽，衣飾粗俗，滿口粗話，能賺錢才怪！

但是，有些人就是不明白，鑽石和學識淵博到底能搭上多少關係？成功的鑽石商到底應當具備哪些條件？

有個日本商人，他對猶太商人的經商辦法掌握得很好，從而在販賣女用手提包上取得成功，在經營服飾品貿易中站住了腳跟。他想進一步擴大營業範圍，而且看中了讓猶太人發財的鑽石生意。為了避免遭到同前人一樣的失敗命運，他拜訪了當時有名的世界鑽石大王瑪索巴氏，向他請教：

「鑽石生意要取得成功，究竟必須具備哪些條件？」瑪索巴氏回答：「想成為鑽石商人，必須先擬好一個一百年的計畫。也就是說，單靠你一生的時間還不夠，最少要加上你孩子那一代，花上兩代人的時間才行。再者，經營鑽石買賣，最要緊的是獲得別人的尊敬和信任。它是鑽石業務必備的基礎。因此，鑽石商人的學識要非常淵博，無論什麼事都得知道。」

瑪索巴氏想考一考這日本商人的的學識，冷不丁地問道：「你知道澳大利亞近海一帶，有些什麼種類的熱帶魚嗎？」

日本商人被問得啞口無言。

說鑽石生意要花兩代人的時間其實太保守了。事實上，要達到學識淵博的程度，兩代人的累積還遠遠不夠。猶太人本身就是在繼承幾千年祖先留給他們的經驗的基礎上，才擁有了這樣豐富的學識。為了能獲得別人，尤其是顧客的尊敬和信任，就只能努力做到學識淵博。

學習，活用學習

學識淵博是猶太人對商人的要求。他們不但要求自己必須不斷地學習，學習，再學習，而且要求別人也必須多學習。他們絕不和那些見聞狹隘、學識淺陋、品行粗俗的人來往。與這樣的人來往，可能會給自己帶來一些眼前的利益，但將使自己在猶太商人群體中的信譽大受影響。所謂「物以類聚，人以群分」，這樣做，必然有損別人對自己的評價。相反，多結交學識淵博的朋友，不但可以相互得益，而且可以提高自己的信譽，有利於自己事業的發展。

我們知道，一個人的知識越多，懂得越多，對諸般事物就越會產生懷疑，越能覺察自己的無知，而懷疑正是學習的鑰匙，能為人開啟智慧之門。求知的欲望正是我們不懈地學習、探求的動力，而學習可以讓我們不斷進步。我們的學習絕不是一個接納知識、積累知識的簡單過程。

也就是說，我們不能為學習而學習。學習可讓我們豐富，更能讓我們變得靈活、機智，善於洞見。學習可以造就我們瞬間決斷的能力——這種能力，是長久學習，達到融會貫通之後才能形成。這種能力就是知性，它讓我們可以抓住瞬間的機會，預見未來的趨勢，洞悉細微處的微妙變化，把握宏觀而抽象的東西。這就是猶太商人在紛繁複雜、瞬息萬變的世界商海中自由搏擊，從容自若的根基所在。

猶太人說：「深井中的水抽不完，淺井卻一抽見底。」

5 教育高於一切

有個客人在鐘錶店氣憤的指責老闆說：

「你也敢說是開鐘錶店的嗎？我這隻手錶在還沒交給你修理前，速度雖然有快有慢，卻還繼續擺動著，可是一交給你修理，拿回去就停下來了！」

「你不要冤枉我好不好？我以神的名義發誓，我對你這隻手錶，碰都沒碰過啊！」

猶太民族的智慧，除了具有學習和求知的傳統這樣的「軟體」，在「硬體」上，則表現為遵奉著一套完善的教育制度。猶太人四處流浪，他們的「學校」也隨著他們遷移。在流動不息的惡劣環境下，他們未曾有一刻忽視了教育，甚而將它擺到最重要的位置上。

有識之士勝過一切

回顧人類歷史，在帝王的時代，教育只是少數人的專利，一般老百姓很難得到受教的機會。而猶太人是一個「例外」。從歷史上看，猶太人很早就實行了義務教育，稱得上源遠流長。

今日的以色列，同樣也實行國民義務教育。

建國伊始，以色列政府即頒布了《義務教育法》；一九五三年又頒布了《國家教育法》；一九六九年頒布了《學校審查法》。現在，全國的學校教育皆由國家負責，所有5～16歲少年都必須進入學校接受免費教育，可持續到18歲。高中以上學生的學費則根據各個家庭的經濟狀況，由政府給予補助，形式上有全部免費、部分免費等等。

這樣一套義務教育制度需要巨額財政的資助。從一九七〇年起，以色列的教育經費一直不低於其國民生產總值的8％。一九七九年以後，更高達8.8％。

對一個不算富裕並要維持高額軍費開支的國家來說，教育投資能達到這樣的水平，很不容易。美國是世界上教育最發達的國家，但它的教育經費也僅佔國民生產總值的8％左右。日本、德國就更低了。

如果說，義務教育在今日尚屬不易，那在猶太歷史上就更加困難重重了。為了保證學子們的學業與生活，猶太民族做出了兩項制度性的安排。

一是繳納「什一金」，即每人把自己總收人的十分之一（當然，更多一些也可以）捐獻出來。而且，不管是誰，哪怕本人是接受施捨的窮人，也必須捐獻十分之一。惟有極個別的情形才有豁免的資格。

另一項習俗和傳統上的安排是婚配上的「門當戶對」。這種安排的獨特之處在於：猶太人最理想的婚配是最有學問者（拉比或其他智者）的子女同最富有者的子女相結合。無論在古代的開羅、伊比利亞的托萊多、威尼斯共和國，還是中歐的猶太社區，猶太人都抱著同樣的觀念。

《塔木德》中說：

寧可變賣所有的東西，也要把女兒嫁給學者；

為了要娶到學者的女兒，就是喪失一切財物也無所謂。

這樣一種婚姻上的安排對猶太民族爭取生存的價值自不待言。生意上精明的人和學問上精明的人，肯定最能應付猶太人生存環境中層出不窮的惡劣挑戰。他們承繼了祖先的基因，他們養育的後代也必然如此。

以色列建國之後，曾特意邀請愛因斯坦擔任第二屆總統（但遭拒絕）。在一九七八～八三年擔任以色列總統的伊扎克·納馮離任後，竟然不自持身分，很高興地回去當教育部長。這一切都鮮明地反映出，在今日猶太人的心目中，享有最高權威的人仍然是教師。

給猶太人留一所學校

從猶太人對教育的重視和對教師的敬重，任何人都不難想像出教育的場所——學校，在所有猶太人生活中具有何等高的地位。

一九一九年，猶太人正同阿拉伯人陷入日趨激烈的衝突之中，耶路撒冷的希伯來大學便在前線隆隆的炮火聲中奠基開工。此後，連綿不絕，愈演愈烈的衝突，並未能阻止這所大學在一九二五年建成並投入使用。

今天，以色列全國人口僅四百多萬，卻擁有六所躋身世界一流學府的名牌大學：希伯來大學、特拉維夫大學、以色列理工學院、海法大學、內格夫——班古安大學和巴爾伊蘭大學。

猶太人之所以特別重視學校的建設，除了他們具有那種「以知識為財富」的價值取向之外，更高層次上，還因為在他們看來，學校無異於一口保持猶太民族「生命之水」的活井。

《塔木德》中記載的三位偉大拉比之一，約哈南・班・札凱拉比就認為：「學校在，猶太民族就在。」

公元七〇年前後，佔領猶太國的羅馬人肆意破壞猶太會堂，圖謀滅絕猶太人。面對猶太民族的空前浩劫，約哈南殫智竭力，想出一個方案。為了執行這個方案，他必須親自去見包圍著耶路撒冷的羅馬軍隊統帥韋斯帕先。

約哈南拉比假裝生了病，瀕臨死亡，才得以出城見到羅馬軍的司令官。他看著韋斯帕先，沉著地說：「我對閣下和皇帝懷著同樣的敬意。」

韋斯帕先一聽此話，認為他侮辱了皇帝，做出要施予懲罰的樣子。

約哈南卻又以肯定的語氣說：「閣下必定會成為下一位羅馬皇帝。」

將軍終於明白了他的話中之話，很高興地問他此來有何請求。

拉比回答：「我只有一個願望：給我一個能容納大約 10 個拉比的學校，永遠不要破壞它。」

韋斯帕先說：「唔！我考慮考慮。」

不久，羅馬皇帝死了，韋斯帕先果真接下了皇帝的寶座。日後，在耶路撒冷城破之日，他向士兵發布了一道命令：「給猶太人留一所學校！」

學校留下了，並留下學校裡的幾十個老年智者，維護了猶太的知識、傳統。戰爭結束後，猶太人的生活模式，由於這所學校，得以繼續保存下來。

約哈南拉比以保留學校這個猶太民族成員的塑造機構和猶太文化的複製機制為根本著眼點，無疑是一項極富歷史感的遠見卓識。

猶太人的文化底蘊

猶太民族在異族統治者眼裡，大多不是以地理政治上的因素加以考慮，而視為文化上必須吞併的對象。小小的猶太民族之所以反抗羅馬帝國，其直接起因並不是民族的政治統治，而是異族的文化統治，亦即異族的文化支配和主宰，羅馬人褻瀆聖殿的殘暴之舉，正是猶太人無法忍受的文化摧殘。

我們完全可以說，為了達到這一文化上的目的，猶太人長期追求的，不僅僅是保留一所學校，而是力圖把整個猶太生活的傳統和猶太文化的精髓保留下來。從猶太民族兩千多年來持之以恆，極少變易的民族節日，到甘願被幽閉於「隔都」之內以保持最大的文化自由度，到復活希伯來話，到基布茨運動（即混合共產主義和錫安主義的思想，建立烏托邦社區，沒有私有財產，一切都是公有共有的主張），所有這一切，都典型地反映出猶太民族這種追求和其中的獨特智慧。

這種智慧就是對民族文化的高度自信、執著和維護！

也正基於此，猶太商人才會認為，沒有知識的商人不算真正的商人。既然你不是真正的商人，我就沒必要和你做生意。猶太商人絕大部分學識淵博，頭腦靈敏。在他們眼裡，知識和金錢成正比。只有具備了豐富的閱歷和廣博的知識，在生意場上才能少走彎路，少犯錯誤。這是能賺錢的根本保證，也是商人的基本素質。

可以說，商人變得有學識，是文明的進化，是推動經濟發展的一隻無形的手。猶太商人具有令人嘆服的經商頭腦，正是因為猶太民族尊重知識，酷愛學習，重視教育的必然結果。以知識武裝起來的猶太商人縱橫商海，處變不驚，這正是世界「第一商人」的魅力之所在！

6 苦難是最好的教育

戰時糧食發生問題，政府實施物資管制，但是猶太人耶可夫仍把一隻鴨子賣到兩百克羅尼而大賺特賺。鄰居看了也做起賣鴨生意，在大門口張貼廣告，但客人還沒來，警察就先來把他的鴨子全都沒收了。

於是，他跑來請教耶可夫。

「耶可夫先生，警察不取締你的生意，是不是有什麼祕訣嗎？可不可以傳授給我？」

「我問你，你是怎樣做生意的？」

「我只是在門口貼張廣告說本店有鴨子，每隻二百克羅尼啊！」

「哎！現在是物資管制的時代，你那樣明目張膽，不就告訴人家你在做黑市生意了嗎？那怎麼行呢？我的說法是這樣的『本人星期日在教會廣場丟失二百克羅尼，撿到的仁人君子如能交還，即贈鴨子一隻作為薄酬。』如此一來，許多人都會前來交還撿到的錢了，依約我也不得不繼續送鴨子囉！」

猶太民族在曲折多變、險象環生的民族大流散和苦難歷程中，多次面對亡國滅種的危機。這使得他們不得不以頑強的意志和堅強的信念，在充滿挑戰的生存夾縫中周旋，從而鍛就了成熟而堅韌的精神意志和克服逆境的各種智慧。

猶太人的正面想法

彩虹是希望的象徵。每經歷過一場暴風雨，雨過天晴天空便架起銀河上的鵲橋一樣的美麗彩虹。猶太人相信，黑暗過後，必得光明。

人的眼睛是由黑白兩部分組成，為什麼只透過黑的部分看到東西？答案是——人必須透過黑暗，才能見到光明。

猶太人頑強而堅韌的精神意志和挑戰風險永不氣餒的進取意識，恰恰構成了猶太商人和企業家又一重要的精神底蘊，使他們在充滿競爭的世界商業舞台上縱橫捭闔，卓爾不群。

猶太商人敢於冒險，在逆境中從容、鎮定，應付自如。他們不怕風險，而且善於在風險中施展自己的商業智慧和經營技巧。他們面對失敗，絕不氣餒，總是汲取教訓，重新再來。

長期在逆境中生存的經歷，讓猶太人習慣於在困難面前保持鎮靜，在險象環生，前途未卜的危急關頭，仍然淡定、豁達、樂觀。猶太商人甚至把逆境當成做生意的機會。下面這個故事，就很能說明這一點。

按照猶太人的規矩，安息日是不能工作的。可有的商店的老板為了多賺錢，便不顧規矩，繼續營業。這已褻瀆了神意，當然受到拉比的斥責。

有個受到拉比斥責的老板卻很高興地給了拉比一筆捐獻。拉比若有所悟，高興地收下了。

到第二週禮拜時，拉比對安息日營業的老板的指責就不那麼厲害了，因為他指望這個老板等一下給的捐款會更多一些。

結果，那個禮拜他一個子兒也沒拿到。

拉比十分不解，他猶豫了好一陣子，終於鼓足了勇氣，到了這個老板家裡，問他到底是怎麼回事。

「很簡單！在你嚴厲譴責我的時候，我的競爭對手都害怕了，所以，安息日只有我一個人開店，生意興隆。而你這次說話那麼客氣，恐怕下週大家都會在安息日營業了，到時我哪還有什麼搞頭……」

消除一切競爭對手、壟斷市場，這始終是商人的夢想。說穿了，商人之間的相互競爭，爭來爭去，不過是爭個不同程度的壟斷罷了。

猶太人的獨特思維

壟斷可以通過政治手段實現，也可以通過經濟手段實現。對從前的猶太商人來說，政治手段很不現實，因為他們是政治權力下的受壓迫者！不是政治的主人。經濟手段也不現實，因為這對經濟實力，包括商品的生產技術及質量的要求過高。在猶太商人看來，最有利的壟斷局面是別人都囿於種種非理性的成見或因害怕冒險等而不肯或不敢介入之時……在這種時候，市場回報率很高，壟斷局面的維持卻不需要多大的成本。

笑話中的商店老板追求的就是這種有利的條件。他付給拉比一大筆錢，不過是安息日盈利的一小部分而已。這點費用比採取其它招徠顧客的手法，如廣告、贈品、大減價等，省時省力又省錢多了。

毫無疑問，猶太商人的這種生意眼是歷史的氛圍所賦予的。從前猶太商人之所以能在幾乎無人競爭的情況下，從事放債和貿易這些獲利豐厚的行業，就因為基督教的教義不准基督教徒從事此類營利活動。

猶太商人的獨特思維，能超脫形形色色的先入之見或刻板模式的束縛，在新興行業或領域興起時，他們能在第一時間馬上發現這種情況。

比如，當娛樂行業，如表演業、電影業等還被看作不正經時，猶太商人已大批進入《聖經・詩篇》說：「不坐褻經人的座位。」但猶太人不在乎。當美術界還一味地只知道保存美學趣味與價值時，猶太美術商已主宰了紐約第 57 大街上的世界美術市場。同樣，當其他律師，尤其是華爾街上的大律師事務所中的律師還對人身傷害的訴訟嗤之以鼻，把接手這類案子的律師稱作「追救護車的人」時，猶太律師卻視之為自己賺取酬金的領地了。

7 幽默是猶太人的必備良藥

猶太教堂的執事，如果將死者的時辰記錄下來，等到忌辰日接近時通知死者親人，往往可以得到一筆相當可觀的謝禮金。

有一天，有位執事通知一位暴發戶，告訴他父親的忌辰，而獲得了一個意外的大紅包。

這個暴發戶因為賺錢忙得團團轉，加以幾乎沒有受過教育，因此執事認為可欺，於是幾個月就通知一次他父親的忌辰，暴發戶照樣給了個大紅包。

未幾，暴發戶母親的忌辰也到了，這位執事去通知，又獲得一個大紅包。但是這人實在太貪心，第二次又去通知他母親的忌辰時，暴發戶卻暴跳如雷了。「你這個大騙子，我父親有幾個也許說不定，但是母親卻鐵定只有一個！笨蛋，你連這個道理都不懂，別以為我好騙！」

在猶太人眼中，幽默是只有強者才能擁有的特權。因此，他們很重視幽默。猶太人常說：「笑是百藥中最佳的良藥之一。」「笑」能在痛苦時安慰人心，能使快樂的商人更加充滿活力。而且，笑所隱藏的力量不僅如此。只要更重視笑，它就會成為人類所有與生俱來的能力中，最強而有力的武器。

儘管猶太人在長久的歷史中備嘗苦難，他們對生活卻一直充滿堅定的信念。否則，他們的民族就不可能經受住那麼多折磨而倖存下來。而事實上，正是苦難造就了猶太人不可動搖的樂觀精神。

歡樂和笑聲是猶太人生活中必備的良藥，使他們總能保持一種樂觀的心態。對猶太人來說，生活的壓力太大了，無法用淚水和無休止的呻吟化解它。迫害、痛苦和極端苦難的生活都不能阻止他們歡笑。他們的笑聲不是無聊取樂，而是面對嚴酷生活的一種頑強反抗。

可以說，在猶太人的幽默中存在一種獨特的智慧。它不僅僅是一種對生活的尖銳批評，還是一種能幫助他們緩解痛苦，有效地調節、娛樂身心的好辦法。

很多猶太傳說和民間故事中，就包含著深深的悲劇性幽默情調；猶太民歌中的旋律中總是迴盪著揮之不去的憂傷，但這種憂傷從未墮落成絕望或自憐自嘆。猶太人總是在淨化中保持著尊嚴，在堅定的信念中使痛苦也變得高貴。

猶太人性格中的幽默，與他們向逆境挑戰的勇氣密切相關。在猶太人眼中，幽默是人所擁有的力量中最強大的。它能使人放鬆心情，保持平和的心態。因此，每逢尷尬的場面，猶太人總喜歡借助笑話、幽默，使氣氛開朗起來。

儘管並不是所有的幽默之言都能成功，甚至可能反而使難堪的局面更加難堪，但猶太人並不覺得這有什麼不好。他們看重的是個人的心態，而不計較其效果。因此，猶太人說：「只要是幽默，就能使人放鬆心情，而惟有賢者才能在任何情況下，都永遠保持寬鬆的心情。」

猶太人認為，只有那些強人，那些不屈不撓的人，才能在危機之中，瞬間抽離自己所處的境地，站在客觀的立場觀察自己，以幽默調節自己所面臨的困境。在猶太人眼裡，幽默既代表了強人的韌性，也代表了強人的膽識。

猶太人把幽默當作一種重要的精神食糧。在希伯來語中，智慧叫「赫夫瑪」，幽默也叫「赫夫瑪」。幽默即是猶太民族苦中作樂的生存智慧。

8 要會賺錢，不是會存錢

一個猶太人和一個波蘭人，在車站的販賣部買果汁。猶太人以五個硬幣付果汁錢，波蘭人則手持一張紙鈔付款。

店員誤將錢找給了猶太人。

猶太人毫不介意地把錢塞進衣袋就要走了。

當波蘭人向店員要回找錢時，店員馬上揪住了猶太人大罵一番。

可是，猶太人卻不慌不忙地說：

「我怎麼曉得你的果汁一杯究竟多少錢呢？」

犯錯的人是你，所以即使我多了一筆收入，我也不慚愧，因為這是你的錯，並非我的錯，我是心安理得的。

立足於賺錢而不是攢錢，是猶太商人獨有的經營智慧。

這裡有一則笑話可以證明：

卡恩站在百貨公司前面，目不暇接地看著形形色色的商品。他身旁有一個穿戴得很體面的紳士，站在那裡抽著雪茄。卡恩恭敬地對那紳士說：「您的雪茄很香，好像不便宜吧？」

「兩美元一支。」

「好傢伙……您一天抽多少呀？」

「十支。」

「天哪！您抽多久了？」

「四十年前就開始抽了。」

「什麼……您仔細算算，要是您不抽菸，累積起來的那些錢，就足夠買下這家百貨公司了。」

「這麼說，您也抽菸囉？」

「我才不抽呢！」

「那麼，您買下這家百貨公司了嗎？」

「沒有啊！」

「告訴您，這家百貨公司就是我的！」

誰也不能說卡恩缺乏智慧，因為：第一，他賬算得很快，一下子就計算出每支兩美元，每天十支，四十年的雪茄菸錢可以買一家百貨公司。第二，他很懂得勤儉持家，由小發大的道理，並身體力行，從未抽過一支兩美元的雪茄。

然而，誰也不能說他擁有「活的智慧」，因他不抽雪茄，百貨公司也沒攢下。

死智慧與活智慧

卡恩的智慧是死智慧，那紳士的智慧才是活智慧。

猶太商人有白手起家的傳統，至今世界上有名的猶太富豪中，有不少人充其量不過二、三代人的歷史。但猶太商人沒有靠攢小錢積累資本的傳統。

一方面，猶太商人在文化背景上，本就未曾受到禁欲主義的束縛。猶太教就總體上而言，從來沒有這方面的要求，猶太人的生活也從未分化成宗教與世俗兩大部分。猶太人在宗教節日期間有苦修的功課，但功課完畢之後，便是豐盛的宴席。所以，那種形同苦行僧般不抽雪茄的生活方式，猶太商人不可能陷入其中。另一方面，從猶太商人集中於金融業和投資回收較快的行業來看，他們本來就把注意力集中於「錢生錢」而不是「人省錢」上面。靠辛辛苦苦攬小錢的人，不可能有猶太商人身上常見的那種冒險氣質。

這兩個因素相結合，使猶太商人的經營方式和生活方式形成鮮明的對照。在業務方面，猶太商人精打細算到無以復加的地步，成本能省一分就省一分，價格能高一點就高一點，利潤一定要算稅後利潤，以免白為國稅局做出貢獻。但在生活上，類似於每天抽兩美元一支的雪茄十支，並不是什麼罕見的現象。像英國猶太銀行家莫里茨．赫希男爵那樣，在自家莊園裡招待上流社會人物，歷時兩週的款待中，其它不說，光是狩獵遊戲中賓主射殺的獵物就達萬多頭，當然這畢竟是不多見的。但即使是那位節儉到冬天不生火爐的上海猶太商人哈同，也捨得以七十萬銀元修造了上海灘最大的私人花園「愛儷園」，並經常在花園中舉行「豪門宴」。

猶太商人的這種總體上的生活方式，令同為當今世界著名商人的日本商人嘆為觀止。其它不說，光是猶太商人不管工作如何忙，對一日三餐從不馬虎，總留出時間，還要吃得像模像樣，而且進餐時忌諱談工作，就讓日本商人感慨萬分。

其實，豈止吃飯這段時間不談工作，猶太商人每週同樣要過那整整二十四小時不談工作，甚至不想工作的安息日！因為猶太人是世界上最熟諳「平常心即智慧心」之道理的民族。猶太教靠尊重信徒那自然的生理、心理要求而保持住了他們的虔誠，猶太商人同樣也靠「尊重」自身內在的自然要求而保持住了自己經商時的心理平衡。常言道：「利令智昏」。一個在利潤（工作）問題上拿得起、放得下的商人，其智力才不致衰竭昏憒。

早期的好萊塢巨頭之一、同樣白手起家的路易斯・塞爾茲尼克曾告誡其子大衛（電影《飄》的製片人）說：「過奢侈的生活！大手大腳地花錢！始終記住，不要按你的收入過日子。這樣能使一個人獲得自信！」這已經成為好萊塢的經營原則。

對一個商人來說，還有什麼比自信更為重要的呢？它能使你發揮原有的能力和才智，能使同伴增強對你的信任，能使對手感到壓力。一個氣定神閒、心平氣和的商人，才像一個真正成功的商人。

9 能賺錢的智慧才是真智慧

到了冬天總經理將販賣部的經理喚來。

「咱們夏季的T恤還剩下五百件，你有沒有辦法把它賣掉？」

「寄給以色列那些零售商好了。」

「可是季節過後，那些地區可能也賣不出去。」

「不，我們要在包裝上下點功夫，包上十件寄出，貨單只記八件，把十件價錢算成八件，那些猶太人必定會因佔了便宜而買下來。」

總經理認為是妙計，遂包裝分發出去了。

但是一個星期之後，總經理對販賣部經理大發脾氣：「你這傢伙可以滾蛋了，那些T恤全退回來了，而且每包都少了兩件呢！」

「將計就計」對猶太人而言，是理所當然的。

猶太人是一個酷愛智慧的民族，猶太商人也是極擅長於以智取勝的商人。其它不說，在實業界中專執金融之牛耳就足以證明這一點。不過，智慧這個詞也屬於模糊的概念，範圍極大，定義又不清。到底什麼是智慧，可能各有各的說法。那麼，在猶太商人看來，什麼是智慧呢？

猶太人有一則笑話，談的是拉比的智慧，以及智慧與財富的關係。

兩位老少拉比在交談，新的拉比問道：「智慧與金錢，哪一樣更重要？」

「當然是智慧更重要。」

「既然如此，有智慧的人為何要為富人做事，而富人卻不為有智慧的人做事？大家都看得到，學者、哲學家老是在討好那些富人，而富人卻對有智慧的人露出狂妄的態度……」

「很簡單！那是因為有智慧的人知道金錢的價值，富人卻不懂得智慧的重要呀！」

拉比即為猶太教教士，也是猶太人生活一切方面的「教師」，經常被當成智者的同義詞。所以，這則笑話實際上喻指——「智者說智」。

活的錢比死的智慧重要

拉比的說法不能說沒有道理：智者知道金錢的價值，才會去為富人做事。富人若不知道智慧的價值，就會在智者面前露出狂態。但這笑話調侃的意味又體現在哪裡呢？就體現在這個內在的悖謬之上：有智慧的人既然知道金錢的價值，為何不能運用自己的智慧去獲得金錢？知道金錢的價值，卻只能靠為富人效力，獲得一點「嗟來之食」，這樣的智慧又有什麼用，又稱得上什麼智慧？

所以，學者、哲學家的智慧或許也可以稱作智慧，但不是真正的智慧，因為他們同他們知道其價值並甘願為其作奴僕的金錢無緣。在金錢的狂態面前俯首帖耳的智慧，怎麼可能比金錢重要……

相反，富人沒有學者之類的智慧，卻能駕馭金錢，表現出聚斂金錢，通過金錢去役使學者之智慧的智慧。這才是真正的智慧。有了這種智慧，沒有錢，可以變成有錢，沒有「智慧」，也可以變成有「智慧」。這樣的智慧不是比金錢，同時也比

「智慧」更重要嗎？

不過，這樣一來，金錢又成了智慧的尺度，似乎變得比智慧更重要了。其實，這當中並不矛盾：活的錢（即能不斷生利的錢）比死的智慧（即不能生錢的智慧）重要；但活的智慧（即能夠生錢的智慧）則比死的錢（即單純的財富，不能生錢的錢）重要。

那麼，活的智慧與活的錢相比，哪一樣重要呢？無論從這則笑話的演繹、還是從猶太商人實際經營活動的歸納，我們都只能得出一個答案——

智慧只有融入金錢之中，才是活的智慧；錢只有融入了智慧之後，才是活的錢。活的智慧和活的錢難分伯仲，因為它們本來就是一回事：它們同樣都是智慧與錢的圓滿結合。

商人賺錢乃天經地義之事

智慧與金錢的同在與同一，使猶太商人成了最有智慧的商人、猶太生意經成了智慧的生意經。猶太生意經是讓人在做生意的過程中越做越聰明，而不是迷失。

猶太人認為賺錢是天經地義，最自然不過的事。能賺到的錢卻不去賺，那簡直就是對錢犯了罪，必遭上帝懲罰。

有一對猶太父子，有一段這樣的對話：

猶太銀行家賴得利希的兒子，有一次問他的父親這件事：「爸爸，什麼叫Kapitalverbrechen？」

老賴得利希回答兒子說：「孩子，如果你的錢不能帶給你至少10％的利息，那麼你就可說是對資本犯了罪，這就叫『Kapitalverbrechen』。」

Kapitalverbrechen由Kapital（資本）和verbrechen（犯罪）兩詞構成，合起來的意思就是——重罪。能賺的錢不賺，這樣的行為被視作對上帝犯下的重罪。在世界上只有猶太這個民族會這樣看。

猶太商人賺錢，強調「以智取勝」。

猶太人認為，金錢和智慧兩者當中，智慧較金錢重要，因為智慧是能賺到錢的智慧。也就是說，能賺錢方為真智慧。

基於這樣的觀念，在猶太人看來，即使是一個學識十分淵博的學者或哲學家，如果他賺不到錢，一貧如洗，那他的智慧就只是死智慧、假智慧。真正智慧的人是既有學識又有錢的人。所以，猶太人很少去讚美一個家徒四壁的飽學之士。

有一個這樣的故事：

加利曾是一個貧窮的猶太教區，教區執事寫信給倫貝格市一位有錢的煤商，請他為了慈善的目的，送幾車皮煤過來。

商人回信說：「我們不會給你們白送東西。不過，為了教會我們可以以半價賣給你們50車皮煤。」

那貧窮的教區執事表示同意，就先要了25車皮煤。交貨三個月後，他們既沒付錢，也不再叫貨了。

不久，煤商寄出一封措詞強硬的催款書。

沒幾天，他收到了加利曾教區執事的回信：

「……您的催款書，我們無法理解？您答應賣給我們50車皮煤，減掉一半，25車皮煤正好等於您減去的價錢。這25車皮煤我們要了，另外那25車皮煤我們不要了。」

煤商憤怒不已，但又無可奈何。他在高呼上當的同時，卻又不得不佩服加利曾教區猶太人的聰明。

在這個故事中，加利曾教區的猶太人既沒耍無賴，又沒搞騙術，他們僅僅利用雙方口頭協議的不確定性，氣定神閒地坐在家裡，等人「送」來了25車皮煤。

這就是猶太人的賺錢高招。

猶太人愛錢，但從來不隱瞞自己愛錢的天性。所以世人在指責其嗜錢如命、貪婪成性的同時又深深折服於他們在金錢面前的坦蕩無邪。只要認為是可行的賺法，猶太人就一定去賺。賺錢乃是天經地義的事，會賺錢的人才算是聰明人。這就是猶太人經商智慧的高超之處。

10 每個人都會以利益為重

密修納十歲了，為了接受升學的適性檢查，媽媽去找教堂的拉比商量。

拉比就對媽媽說：「那很簡單，只要準備三種東西放在桌上讓孩子選擇就可以測驗出來。一種是盛酒的杯，一種是錢袋，另一種是聖經。假使孩子選擇酒杯，他可能變成放蕩者；假使選擇錢袋，他可能做生意或在銀行界獲致成功；如果選擇聖經的話，就應該培養他成為拉比！」

約定的日子到了，密修納被帶到準備好的場所要接受測驗，父母親都很緊張。聽完拉比的說明，密修納看了看三種東西，然後一手抓住酒杯把酒喝光，一手把錢抓進衣袋裏，再把聖經挾在腋下走了。

母親大驚失色地說：

「天啊，這個孩子將會變成政治家了！」

猶太智典《塔木德》有很多精彩的「以智取智」的故事，我們再來看這一則漂亮過招的父子檔故事。

古時候，耶路撒冷的一個猶太人外出旅行，途中病倒在旅館中。當他知道自己的病已經沒有希望，便將後事托給旅館主人，請求他：

「我快死了！如果有知道我的死訊而從耶路撒冷趕來的人，就請把我的這些東西轉交給他。但是，此人必須做出三件聰明的事，否則，就絕對不要交給他。因為，我在旅行前對兒子說過，如果我在旅途中死了，要繼承遺產，就必須做出三件聰明的事。」

說完，這個人就死了。旅館主人按照猶太人的禮儀埋葬了他，同時向鎮上的人發布這個旅行者的死訊，還派人送信到耶路撒冷。

他的兒子在耶路撒冷經商，聽到父親的死訊之後，立刻趕了過來。但他不知道父親死在哪家旅館。因為父親臨死前，曾叮囑旅館主人不要把那所旅館的名字告訴兒子，所以，他只好發揮自己的商業頭腦，處理這個棘手的問題。

這時，剛好有個賣柴人挑著一擔木柴經過。這兒子立刻叫住他，買下木柴後，吩咐他直接送到那家有個耶路撒冷來的旅行者死在那裡的旅館。然後，尾隨著他，來到那家旅館。

旅館主人見賣柴人挑著柴進來，疑惑地說：「我沒有向你買過木柴呀？」

賣柴人回答：「是我身後那個人買下這擔木柴，要我送到這裡來。」

這就是那個兒子所做出的第一件聰明的行為。

旅館主人很高興地迎接他，為他準備晚餐。餐桌上有五隻鴿子和一隻雞。除了他以外，還有主人夫婦和他們的兩個兒子和兩個女兒，一共七個人圍坐在餐桌旁一起吃飯。

主人要他把鴿子和雞分給大家吃。

青年馬上推辭道：「不！不！你是主人，還是你來分比較好。」

可是主人堅持：「你是客人，還是你來分。」

青年便不再客氣，開始分配食物。首先，他把一隻鴿子分給那兩個兒子，另一隻鴿子分給那兩個女兒，第三隻鴿子分給主人夫婦。剩下的兩隻，他拿過來，放在自己面前的盆子裡。

這是他所做出的第二件聰明的行為。

接著，他開始分雞肉。他先把雞頭分給主人夫婦，然後是兩個兒子各得一隻雞腳，兩個女兒各得一隻雞翅膀。最後剩下整個雞身子，全歸了他自己。這便是他所做出的第三件聰明的行為。

看到了這一切，主人忍不住大聲叱責：「你分配鴿子時，我還可以忍耐。但看到你這麼分配雞肉，我再也忍受不了了！你這麼做到底是什麼意思？」

年輕人不慌不忙地說：「我本來無意接受這項分配的工作，是你硬要我接受。為此，我就按照我所認為最完善的做法做了。你和你太太以及一隻鴿子，合起來是三個，你的兩個兒子和一隻鴿子，合起來是三個，兩個女兒和一隻鴿子，合起來是三個，而我和兩隻鴿子，合起來也是三個，這很公平嘛！還有，因為你和你太太是家長，所以分到雞頭，你的兒子是家裡的棟梁，所以給他們兩隻雞腳，把翅膀分給你的女兒，是因為她們遲早要長翅膀，飛到別人家裡去，而我本人是坐船來到此地，還要趕回去，所以取了雞身……現在，請趕快把家父的遺產交給我吧！」

《塔木德》的作者常常不交代智慧故事的要旨在什麼地方，現在的拉比學院中講授《塔木德》課程的教師對學生也是如此——最多只給個方向，餘下的請自己動腦筋。再有，就是同學們一起討論了。

所以，我們在方向不甚明了的情況下，只好自己揣摩其中的「微言大義」。

為什麼是聰明的行為？

如果將這三件行為都稱為「聰明的行為」，初看起來，確實有點令人費解。

第一件行為可以算聰明行為。因為這個年輕人原來面臨的是一個問不出答案，或者不准問的問題。通過一筆木柴交易，他把回答這個問題作為成交的條件，讓賣柴人為了自己的利益，幫助他解決了難題。

從這層意義上說，他通過利益再分配，使賣柴人與他在利益上有了一些共同之處，從而借他人之力，達到了自己的目的。這做法確實能夠證明他腦子鮮活。

可是，那分鴿子、分雞肉的舉動，就不怎麼容易理解了。他所做出的近乎惡作劇之舉，也是聰明的行為嗎？如果可以算是的話，那大孩子詐騙小孩子的玩具、吃食等行為，簡直可以算作大有出息的聰明之行了。當然，會詐騙總比一味只知搶奪，要多幾分聰明或者狡詐。

其實，這裡頭有個小小的機關。故事中特意提到旅館主人發火的情況。為什麼發火？從表面上看，是那年輕人「貪」賓奪主，把主人桌上的鴿子、雞肉大量佔為己有，所以惹得主人不高興而發火。

但是，再看下去又如何？顯然，年輕人要主人發火，才是他的本意。正是在主人發火之後，他才理直氣壯地要求主人歸還遺產。這當中就有奧妙可尋了。

奧妙說穿了，實在簡單得很。

年輕人此來是為了取得父親的遺產，但達到目的的條件十分苛刻：做三件聰明的事。這說起來簡單，做起來並不容易。因為這「聰明」二字沒有一個明確而可操作的標準。他盡可以竭其所能，表現他的聰明，但認可不認可他的行為是聰明的行為，主動權不在他的手裡，而在旅館主人手裡。

所以，為了讓旅館主人早一點承認他的聰明，年輕人又一次借人與人的利益關係大做文章。

借賣柴人之力時，他用了利益同增的策略。在「迫使」旅館主人合作時，他用的則是利益同滅的策略：你如果不承認我的行為聰明，從而不給我遺產，我就沒完沒了地以犧牲你的利益的方式，逼得你受不了。既然你有權利決定我的行為是否聰明，那麼，你也有義務不斷接受我各種不夠格的聰明行為所帶來的一切不聽明的後果。所以，如果你的聰明能使你認識到自己的損失，那麼，你的聰明也一定會以承認我的聰明來擺脫你的困境，還有我的困境。

因此，旅館主人咆哮如雷之時，也就是他已經感覺到利益受損之時。年輕人的一番話，只是證明其行為之聰明的「意識形態」，即看似有理（因為有種種數據）的解說而已，真正有分量的，是他的行為所帶來的結果。

從上述看似繁瑣的闡述中，我們似乎可以感覺到猶太人看待和處理人際關係的某種洞見和謀略。人與人的關係根本上是一種利益關係，尤其在上述年輕人同賣柴人和旅館主人這等非親非故之人的關係中，其它考慮，包括道德上的考慮也是需要的，但真能擊中要害，調動對手的——惟有利益。

只有他人的利益同你的利益緊緊地綁在一起，他人才可能像為自己謀利或避害一樣，為你著想，因為這一著想，以及由此產生的努力，可以同時帶來其自身利害的相應變動。所以，與人相處或調動對手時，最好的辦法就是——讓他人為自己的利益著想。

11 猶太人不跟錢過不去

三個猶太人走進了一家波蘭人開的咖啡廳。

「我要紅茶。」第一位說。

「我也要紅茶，加一點檸檬。」第二位說。

「我也一樣，不過杯子要洗乾淨。」第三位說。

一會兒，老闆把紅茶端上來了。

「對不起，請問：要把杯子洗乾淨的是哪一位？」

偉大的英國戲劇家莎士比亞寫過一齣有名的喜劇《威尼斯商人》，裡面刻劃了個極端吝嗇又充滿報復心的猶太商人——夏洛克。此人專放高利貸，一毛不拔，因基督徒商人安東尼奧多次斥責他而懷恨在心。

一次，夏洛克藉安東尼奧為資助朋友遠行求婚，急需用錢之機，同他立下契約，言明到期不還，以安東尼奧心口上的一磅肉抵償所借的三千英鎊。

結果，安東尼奧由於貨船接連出事，誤了還債日期。在法庭上，不管別人如何調解，夏洛克堅持要他心口上的一磅肉，而不要哪怕數額再大的賠款。

於是，安東尼奧的朋友之妻，即這朋友靠安東尼奧這筆借款的資助所要來的妻子，機智地要求夏洛克只能取一磅肉，但不得流安東尼奧一滴血，否則處以極刑，才震懾住了夏洛克，並使他寧可認賠，也不敢下手。

最後，基督徒們不僅以違約罪——說好割肉，卻不割肉了——懲處了夏洛克，罰掉他一大筆財產，還迫使他同意，讓他的女兒同基督徒結婚，並給予巨額嫁妝和遺產繼承權。

莎士比亞的誤解

很明顯，莎士比亞對猶太人的這一看法，與其說來源於他自己對周遭猶太人的有限認知，不如說更多地來源於中世紀基督教會所流傳的關於猶太人的刻板模式或成見。因為當時猶太人定居英國的時間並不長，還只有兩百多年，英國人對猶太人的了解和認識還談不上很深。

最不公道的是將中世紀基督徒那種近乎偏執，不惜放棄錢財的報復心，強按在夏洛克身上。而隨著夏洛克成為一個著名的文學典型，夏洛克及其以三千英鎊換一磅肉的報復心，似乎也成了猶太人的典型。

其實，作為典型而不是個別的例子，這是對猶太人的極大的誤解、極大的無知，甚至極大的……因為在涉及錢財的問題上，如果猶太人存有報復心，這種報復心也只可能集中表現於索回錢財，而絕不會要一磅「毫無價值」的人肉做替代。

在日本有一家猶太人開的公司。有一次，有個公司的職員盜取公款後潛逃了。董事長獲悉之後，當下十分惱怒，馬上要下屬報警處理。公司的一個主管趕快跑去找猶太共同體社區的拉比商量。

拉比聽完情況後，明確地告訴他：

「最好先查清楚他是否真的捲款逃走。如果情況屬實，又告到警察局，他就會受到起訴，送進牢房。但這不是猶太人的做法。」

按照猶太教律法，如果有人偷了錢，必須使這個人把錢交回。一坐牢，錢就拿不回來了。

拉比建議，與其把捲款者抓回投進大牢，不如設法自己找到他，把錢要回來，再處以罰金。結果，這家公司真的把那個職員找回來了，並證明他確是盜取公款潛逃的。於是，他們把那個人帶到了拉比面前。

拉比按照猶太律法，要他賠款。但那個人表示，他已經身無分文，並且表示，與其坐牢，不如去工作，把工資拿來分批償還公款。

最後，拉比裁定，這位職員繼續為公司工作（當然，他再不可能有捲款的機會），以工資償還公款，並處以一定比例的罰金。賠款由公司收回，罰款則交給拉比用作慈善基金。

其實，從文化學的意義上說，錢本就是人的生命活動中的一般等價物，剝奪錢財，就是剝奪一個人支配自己生命活動的權力。這種化「錢」為牢的辦法，就其消極作用而言，幾近於關大牢；而就其積極意義而言，又勝過單純的關大牢。

反過來，在怒火中燒的時候，一味放縱「報復」這種生命活動，無形中等於以那筆本來可以追討回來的錢所代表的生命活動支配權做了抵押。

精明務實的猶太人絕對不會做這樣的傻事，更不會在合約上留下這麼大的漏洞。莎翁把夏洛克寫得有點傻了。是不是他無意識中感覺到，若不把夏洛克寫傻了，他戲劇中的法庭就審不下去了……

猶太人不僅在討回贓款這一點上十分聰明，在確定罰款比例時，也表現出別出心裁的機巧。一般來說，罰款的比例大約為贓款的25%。具體地還有許多嚴格規定，視被盜物的性質，被盜物能否用於賺錢，盜竊發生的場合、時間等而定。

比如《塔木德》上規定：偷馬的罰款比例非常高，可達四百倍。因為可以用偷來的馬賺錢，被偷的人也有可能會被搞得走投無路。

有意思的是，一般而言，偷驢比偷馬的罰款低，理由是「馬生性比較馴良，容易偷。」一連這方面都考慮到，猶太民族對智慧的極端愛好，於此也可略見。

在古代以色列，罰款或拒付款、拒付利息的追討，都採取以替錢的主人服勞役的方法償還。只有最嚴重的情形，才把人送進監牢。但在猶太人心目中，這樣做實在是下下策，並沒有根本解決問題。可以說，在處理這類不合法佔有財產的問題上，猶太人似乎又走在歷史的前面。現今世界不正越來越成為一個「以罰代刑」的社會了嗎？

Lesson 02

猶太人的超級生意頭腦

哪怕只有1%的可能，
只要你周密安排把握住了，
你賺錢的機會就是100%。

1 愛錢並沒有什麼不好

有個波蘭人在市場上以150美元叫賣著一頭母牛，可是即使把價錢降到100美元，也沒人問津。

這時來了一個猶太人，看到這種情形很同情他。

「你的賣法太差，我來替你賣好了。」

說完，他手牽著母牛大聲叫賣起來：

「各位，這是一頭最好的母牛，省飼料，溫馴容易管理，生產力強、耐力十足，今天特別大減價，以300美金徵求一位新主人，只有一個機會哦！」

這時，一群買主都紛紛圍上來了。

可是，這位波蘭人看到這種情形卻顯得十分著急，他悄悄地對猶太人說：

「老兄，這怎麼行呢？這母牛這麼好，你看300美金，會不會太便宜了！」

在現代社會，對錢的迷戀或許還算不上獨特。二千多年前，猶太智典《塔木德》中就傳承了這樣的猶太諺語——

錢不是罪惡，也不是詛咒，錢會祝福人。

錢會給予我們向神購買禮物的機會。

身體所有部位都依靠心生存，而心則依賴錢包而生。

錢是安身立命之道

這種對金錢的態度，很大程度上反映出一個社會、一個民族或一種文化的資本主義合理性的觀點。就這一點而言，猶太人的民族起源與歷史遭遇，無疑起著決定性的作用。

猶太人的長期流散，使他們不可能鄙視金錢。因為，每當形勢緊張，他們重新踏上出走之路時，金錢就是最便於他們攜帶的東西，也是他們足以保證自己在旅途中，能夠生存下來的最重要之依賴。

猶太人的堅持一神論（只承認上帝是主神，耶穌不是），帶有「宗教異端」身分，也使他們不可能鄙視金錢，因為錢沒有氣味，沒有色彩，是猶太人在同其他宗教徒打交道時，惟一不具異端色彩的東西。

猶太人的寄居地位，也使他們不可能鄙視金錢，因為他們就是用錢買下在一個國家中生存的權利。猶太人繳納的人頭稅和其它特別稅，名堂之多、稅額之重，堪稱絕無僅有。

「猶太人若非自己在財政方面表現出極高的效率，早就被消滅殆盡了。」這是猶太人與非猶太人之間的共識之一。

猶太人的四散分布，也使他們不可能鄙視金錢，因為錢是他們相互之間彼此救濟時最方便的形式。

猶太人長期經商的傳統，也使他們不可能鄙視金錢，因為儘管錢在別人手裡只是媒介和手段，但在商人眼中，錢永遠是每一次商業活動最終爭取的目標，也是其成敗的最終顯示。

所以，金錢對猶太人來說，絕非僅僅止於財富的意義。錢居於生死之間、居於他們生活的中心地位，是他們事業成功的標誌。這樣的錢必定已具有某種「準神聖性質」——錢本來就是為應付那些最好不要發生的事而準備，錢的存在意味著這些事可以避免；錢越多，也就意味著它發生的可能性越小。所以，賺錢、攢錢並不是為了滿足直接的需要，而是為了滿足對安全的需要！至今，在猶太家庭中還有一種習慣——留給子女的財產，至少不應該比自己繼承到的財產少。這樣的心願代表著猶太人對後輩能夠平安的祈願。

所有這一切都表明，在其他民族對錢還抱有一種莫名的憎惡甚或恐懼之時，猶太人在錢這一方面已經完成了從單純的經濟學意義上朝向文化學、社會學意義的劃時代跨越。金錢已經成為一種獨立的尺度，一種不以其它尺度為基準，相反可以凌駕於其它尺度之上的尺度。

由此，錢對於猶太民族來說，就顯現出神聖的性質，而這一性質對於資本的發生、形成、積累和增值，都有著至關重要的意義。

一方面，賺錢行為或日後資本主義的經營之道，現在成了一種自在之舉，能否賺錢成為決定一切行為之正當性的終極尺度；一切價值、觀念、規範和活動皆必須通過錢來獲得自己的合法性、正統性，就像自然經濟下它們由神的旨意而獲得合法性一樣。這樣一種人類情狀的確立，為商業化的大潮席捲一切領域開啟了閘門，從而幾乎使與人相關的一切紛紛墜落到商品的大海。它們原先的神聖性，不管是宗教的、倫理的、美學的、情感的還是其它什麼的，都不復存在，或者至少都清一色地被抹上了一層金黃色、銅綠色或水印的痕跡（指鈔票）。

猶太人在生活上的禁忌之繁多、之嚴格，是各民族中不多見的，而且兩千多年一以貫之，至今極少改變。可是，在經濟領域，猶太人經營商品時的百無禁忌也是各民族中不多見的，現代世界許多原先屬於非商業性的領域，大多是被猶太商人打破其封閉狀態而納入商業世界。這同猶太商人最早確立金錢的「準神聖」地位大有關係。

另一方面，金錢的自在地位之確立，使得它的歷史發展邏輯自然轉變為人的思維邏輯，它的自發發展的動因轉化成人類制度性建設的動機。在金錢那無聲且至高無上的指令下，一切有利於資本之發生、形成、發展、增值的設施、機制和構件，都自動地建立起來。世界市場的開拓、經濟秩序的確立、金融作用的實現、政治權力的駕馭，以及種種觀念、規範和商業動作之個體都有條不紊，一個個出現。

而對這現代資本主義大廈的建設，最忙碌，貢獻最大的人群之一必然是猶太商人。在不同的歷史時期，確有不同民族的商人出現在人類經濟發展的關鍵階段。然而，猶太商人在確立金錢的「準神聖」地位上先行了一步，因而成了向資本主義進軍的排頭兵，成了名副其實的「資本家原型」。

錢就是錢，是一件平常之物

金錢的「準神聖」地位的確立，為猶太人追求物質利益的活動清除了在其他民族當中常見的種種認識和觀念上的障礙，使猶太人得以最為自由地施展自己所具備的賺錢上的才幹。

猶太人對金錢的邏輯、機制的認識，向我們展示了他們生存機制中的一種內在動力，賺錢成為他們的第一件大事。這一內在動力，使猶太民族能夠隨著人類社會商業發展和資本合理性的增長而不斷調整和成長，並表現出高度的同步甚至超前。這正是他們成為真正的商人民族，成為「世界第一商人」的內在原因。

猶太人熱衷於賺錢。這是由其長期的生存環境所決定的民族特性。猶太人對錢一直保持著一顆平常之心。

對於金錢，猶太人既沒有敬之如神，又沒有厭之如鬼，更沒有既想要錢又羞於碰錢的尷尬心理。錢乾乾淨淨、平平常常，賺錢大大方方、堂堂正正。

以錢為生，這是猶太人樸素而又自然的生活方式。

一位無神論者來看拉比。

「您好，拉比！」無神論者致意。

「您好。」拉比回禮。

無神論者拿出一個金幣，遞給拉比。拉比二話沒說，裝進了口袋。

「毫無疑問，你想讓我幫你做一些事。」他說：「也許你的妻子不孕，你想讓我幫她祈禱。」

「不是，拉比！我還沒結婚。」無神論者回答。言畢，他又給了拉比一個金幣。拉比仍是二話沒說，裝進了口袋。

「但是，你一定有些事想問我，」他說：「也許你犯下了罪行，希望上帝能開脫你。」

「不是，拉比！我沒有犯過任何罪行。」無神論者回答。他又一次給拉比一個金幣。拉比二話沒說，又一次裝進了口袋。

「也許你的生意不好，希望我為你祈福？」拉比無比期待地問道。

「不是，拉比！我今年碰到了豐收。」無神論者回答。說完，他又給了拉比一個金幣。

「那你到底想讓我幹什麼？」拉比迷惑極了。

「什麼都不幹，真的什麼都不幹！」無神論者回答：「我只是想看看一個人什麼都不幹，光拿錢，能撐到多長的時間！」

「錢就是錢，不是別的。」拉比回答：「我拿到錢就像拿到一張紙、一塊石頭一樣。」

由於對金錢保持著一種平常心，甚至把它視為一塊石頭、一張紙，猶太人才不至於把它視若鬼神，也不把它分為乾淨或骯髒。在他們心中，錢就是錢，是一件平常之物。因此，他們孜孜以求地去獲取它；失去它的時候，也不會痛不欲生。正是因為具備了這種平常之心，猶太人在驚濤駭浪的商海中馳騁自如，臨亂不慌，取得了穩操勝券的效果。

喜歡賺錢，卻能把錢看做是平常之物，正是猶太人的人生智慧之一。

2 錢都在有錢人手裡

一個乞丐在街頭向路過的人們行乞。
一個路過的人如此對他說：
「你呀！明明有著一雙好好的手，身體又那麼壯，為何不去工作呢？真是叫人搞不懂……」
想不到乞丐卻很正經的說：
「什麼？你是說為了獲得那幾個小錢，我還得砍掉這一雙手嗎？你這個人真是莫名其妙。」
懂點經濟學的人都聽過一條著名的「勞倫茲」曲線（Lorenz curve 是研究國民收入在國民之間的分配問題），這曲線表明了收入與分配的格局——財富不是平均地掌握在所有人手中，而是恰恰相反，擁有收入（財富）的絕大多數人只佔總人口中一個甚小的比例。比如說：80％的財富被僅僅 20％的人口佔有，而其餘 80％的人只佔剩下的 20％的財富。

換句話說：錢在有錢人手裡。這或許是一個再簡單不過的道理，但真正理解這句話，而且將其運用到商業運作、經營管理中的人卻不多。

大量的錢都在少數人手裡

我們經常聽說：「美國人的財富大部分都在猶太人的口袋裡。」佔美國人口甚小比例的猶太人卻擁有美國大部分的財富，正好證明了這個道理。猶太人不僅在美國，還在亞洲的日本、歐洲的一些國家，獨佔金融界或商界鰲頭，百萬、千萬、億萬富翁大有人在。如果有人問他們何以生財有道，他們會漫不經心地說：「錢本來就在有錢人手裡。」你或許很不滿意這個好像不是答案的答案，但是，請你千萬別誤會，猶太人只是告訴你一個真理：「錢在有錢人手裡。所以，我們要賺那些有錢人的錢。這樣才可以快賺錢，賺大錢。」

想要使某種商品流行起來，有其訣竅。流行一般分為兩種——一種起源於有錢人，另一種則發端於普通百姓。發源於普通老百姓的東西一般來勢兇猛，而且流行面廣，維持的時間卻很短，只一閃而過。而發源於富人的流行趨勢雖然發展較慢，但持續時間很長。一般從富人普及到老百姓，至少需兩年的時間。在這兩年內，你一旦把握住流行的趨勢，就可以大發其財。

俗話說：「人往高處走，水往低處流。」一般人都羨慕上流社會，希望與上流社會的人交往。上流社會中流行的衣飾、風格，無疑對一般人具有很大的吸引力，使許多人競相模仿，尤其是女性。少男少女中的追星族就更不必說了。

猶太商人常常巧妙利用人們這種「向上看」的心理操縱流行趨勢。猶太大富豪羅斯柴爾德發跡時，就是利用古錢幣，讓它從上流社會中先流行起來，再逐漸普及於社會大眾。日本漢堡大王藤田田的發跡史也體現了這種流行觀。

藤田田不僅靠漢堡大發其財，還做女人和小孩的生意，如鑽石、時裝、高級手提包等。在經營過程中，他首先把對象放在上流社會中有錢人的流行趨勢上，無論是鑽石的花樣、服飾的色彩，還是手提包的樣式，都是按照有錢人的喜好來製作。

結果，他的生意不僅暢銷，而且二十多年以來歷久不衰，從未發生過「流血大拍賣」的事。當然，藤田田之所以能戰勝競爭對手，還在於他善於從實際出發，靈活多變，絕不是只知道選購在歐美最風行的服飾，因為歐美的服飾只適合那些金髮碧眼、身材修長的歐美姑娘，而日本的婦女黃皮膚、黑頭髮、個子矮小，和那些服飾很難和諧。有錢的人，即使錢再多，也不會拿錢去買不適合自己的東西。

所以，那些只知其一不知其二的商人，雖然一頭熱地趕上了有錢人的時髦，但未能具體問題具體分析，恐怕最終還是免不了虧本。藤田田的成功，並因此被稱為「銀座的猶太人」，恐怕與他靈活地運用猶太生意經大有關係。

現代市場瞬息萬變，能夠把握一種流行趨勢實屬不易。這就要求每一個生意人在做出任何一項決策之前，必須仔細地研究、分析市場，既要能趕上潮流，還要超前於潮流。因為，人的需求總是不斷變化，市場也不斷變化，今天暢銷的產品，明天也許就乏人問津。把握市場的變化就像跳舞一般，快於節奏或慢於節奏都不行。

總之，靈活地運用猶太生意經，成功的機率就會提高。

猶太人的78：22法則

「錢在有錢人手裡，賺錢就要賺有錢人的錢。」這是猶太商人的非常生意經。這一非常生意經就源自他們對生活、對世界的看法，即「78：22」法則。

在自然界，空氣成分中，氮與氧的比例是「78：22」；而在我們每個人的身體中，水分與其它物質成分的比例也是「78：22」。可見，「78：22」是大自然中一個客觀的大法則。除了有少許偏差，它可能變成「79：21」或是「77：23」等等。總而言之，這個大法則是客觀的，它規範著宇宙中某些恒定的成分。

再比如正方形和其內切圓的關係，正方形的面積是100，其內部的相切圓之面積則為內切面積。即正方形的內切圓之面積約為78.5，其餘部分之面積約為22。因此，正方形的內切圓與所餘面積之比正和「78：22」的法則相吻合。

如此說來，「78：22」法則的確是一個超乎一切的「絕對真理」，它一直在冥冥中規範著我們的世界，左右著我們的生活。這樣一個具有絕對權威，歷千古而不變的真理、法則，猶太人理所當然地將它當成經商的基礎。他們依靠這個不變之法則的支持，獲得世人皆慕的財富。

舉一個例子來說：假如有人問，世界上放款的人多，還是借款的人多。一般人都會回答：「當然是借款的人多。」但是，經驗豐富的猶太人的回答恰恰相反。他們會一口咬定：「放款的人佔絕對多數。」實際情況也正是如此。銀行總的來說，是個借貸機構，它把從很多人那兒存進來的錢，再轉借給少數人，從中牟取利潤。

依猶太人的推估，放款人和借款人的比例是「78：22」。銀行利用這個比例賺錢，絕不吃虧。否則，銀行就有破產之虞。

就在「78：22」法則經過猶太人千百次運用，幾乎百發百中以後，世界上擁有聰明頭腦的少數商人也開始感覺到這個法則的魔力。藤田田就是受到這種魔力的吸引，把它運用到他的鑽石生意上，結果獲得了意想不到的成功。

鑽石，是一種高級奢侈品，它主要是高收入階層的專用消費品，一般收入的人購買不起。從一般國家的統計數字來看，擁有巨大財富，居於高收入階層的人數比一般人數少得多。因此，一般人都存有這麼一個觀念：消費者少，利潤肯定不高。絕大多數人都不會想到，一般居於高收入階層的少數人卻持有多數金錢。一般大眾和高收入者的人數比例為78：22。但他們擁有的財富比例卻正好倒過來，為「22：78」。猶太人告訴我們：賺擁有「78」財富那些人的錢，絕不吃虧！

藤田田就看中了這一點，把鑽石生意的眼光投向佔人口比例只有「22」的有錢人身上，一舉取得巨額利潤。

二十世紀六十年代末的冬天，藤田田抓住時機，開始尋找鑽石市場。他來到東京的三越百貨公司，要求租用這家公司的一席之地推銷他的鑽石。但三越公司嗤之以鼻：「這簡直是亂來！現在正值年末，即使是財主，也不會來的。我們不冒這種不必要的風險。」斷然拒絕了他的請求。

可是，他並不氣餒，堅持以「78：22」這條萬無一失的法則說服三越公司，終於租得這家公司一角，郊區M分店。M分店遠離鬧市，顧客很少，生意條件不利，但這日籍猶太商人對此並不憂慮。鑽石畢竟是高級奢侈品，少數有錢人的消費品，生意的著眼點首先得抓住財主，不能讓他們漏網。當時三越百貨公司曾滿不在意地說：「鑽石生意一天最多能賣二千萬日元，算不錯了。」藤田田立即反駁：「不！我可以賣到二億日元。」這在商人看來，無疑是狂人的痴言。藤田田胸有成竹地說出這句話，無疑是源於對「78：22」法則的信心。

事實上，「78：22」法則的魔力很快就顯示出來了。首先，在地點不利的M分店，他取得了一天六千萬日元的好成績，大大突破一般人所推估的五百萬日元。當時正值年關賤價大拍賣，吸引了大量顧客。藤田田利用這個機會，和紐約的珠寶店聯絡，運來的各式大小鑽石幾乎都被搶購一空。接著，他又在東京郊區及四周分別設立推銷點，生意都很紅火，每個點都沒有低過每天六千萬日元的記錄。相反，三越公司由於一開始沒有抓住機會，當全國各地銷路大開時，才低頭提供攤位，結果效益反而不如其它本來相對蕭條的商點。

就這樣，到了一九七一年2月，鑽石商的銷售額突破了三億日元，就連四國地區的買賣也超過二億日元。藤田田實現了曾經許下的狂言。

他的鑽石生意成功了，奧祕在哪裡？就在於「78：22」法則。三越百貨公司曾對此大表懷疑，認為鑽石商品就好比美國凱迪拉克或林肯牌豪華轎車，日本人能夠購買的很少，因此銷路一定不好。而藤田田卻不這麼想。他把鑽石看成稍微高級的國產轎車，是有錢或稍微有錢的人都買得起的奢侈品。這部分人雖只佔全國人口的少數，卻佔有全國金錢的多數。賺這部分人的錢，效益必高。

這正是猶太人「78：22」經商法則的最佳運用。這或許也解釋了猶太人堅決反對「薄利多銷」的原因。買的人雖少，若他們出得起高價，單位商品的價差就高，這樣一來，必然比「薄利多銷」更賺錢！

3 厚利多銷才是生意之道

有一天，乞丐出現於富有的銀行家達比的家門口。其實，這個乞丐已經來過好多次了，但是每一次都遭到達比的拒絕。

「請您務必要行行好！『逾越節』眼看就快到了，但是我卻沒有任何東西可以給孩子們吃……」

「你呀！不是已經來過十多次了嗎？試問，俺曾經給過你一分錢嗎？」達比問乞丐。

「是啊！您不曾給過我任何東西。我所以會硬著頭皮來您這裡，乃是因為實在是有困難之處。」乞丐如此的說明。

達比很無情的想關上門，卻被乞丐攔住了。

「請您稍等一下！讓我說一則《塔木德》裡面的智者典故吧！」

「俺就算聽了那個典故，仍不會給你一分錢。你最好說完就滾出去！」

說著，達比關門的手停了下來。

「《塔木德》裡寫著——狗在咬豬的時候，必定先咬豬的耳朵。狗兒是用來比喻窮人，而豬則是用來比喻有錢的人。至於狗兒為什麼要咬豬耳朵呢？關於這一點，《塔木德》如此說明——原來，狗兒對著豬的耳朵囁嚅著：為什麼人們一旦有了錢就會變成豬呢？」

不少商人都將「薄利多銷」視為經商賺錢的最高原則。價格低一些，每件商品的利潤少一些，就能吸引更多的人上門購買，從而達到賺錢的目的。甚至，有些商人更把「薄利多銷」奉為商場的金科玉律！

然而，猶太人對「薄利多銷」的經商之法大不以為然。他們常常用嘲笑的口氣反問道：「為什麼要獲取『薄利』而『多銷』，卻不為『厚利』而『多銷』？」

精於經商的猶太人認為如果整個社會都奉行「薄利多銷」，各商家競相降價，舉辦名目繁多的「換季大優待」、「拆遷大拍賣」，這無異於把繩子往自己的脖子上套，越套越緊，最後肯定動彈不得。因為「薄利多銷」會使商家大傷元氣，「薄利多銷」的大拍賣是奔向死亡的大競賽。

薄利多銷是消極的經營之道

在他們看來，「薄利多銷」體現了賣主對自家商品的缺乏自信，意味著：「因為商品不好，所以才便宜賣。」

因此，自信的猶太商人堅持「厚利多銷」。他們的商品從來不減價。因為商品好所以不減價，因為不減價才利潤大。猶太人把這看作是他們經商的奧祕之一。

猶太商人推銷某種商品，會先利用各種資料，詳細說明它應該高價出售的道理。比如，為了推銷一種進價199元的磁療器，他會先用大量的統計資料表明這種磁療器妙如神仙，包治百病；然後印發宣傳小冊子，刊登各地患者的感謝信。最後，他會加註一條——一個月之內，僅售599元，欲購從速。

猶太人奉行「厚利多銷」原則，還有一個原因——他們深深懂得顧客的心理。猶太人喜歡在商店內擺上舶來品，其中以高級舶來品居多。事實上，某種舶來品，其品質和本國產品一樣，但價格遠超過本國產品數倍以上。有錢人往往喜歡買昂貴的舶來品，以表明自己的身分、地位比別人高。猶太商人正是抓住顧客的這種心理，競相把舶來品標價走高。

因為價高，顧客反而樂於搶購，猶太商人便達到厚利多銷的目的。精明的猶太商人在實行「厚利多銷」的策略時，慣於運用心理戰術。比如說，猶太商人會以一千八百元進一套女裝，擺在高級女裝店內最顯眼的地方，然後標價「八千元」。對某些女人而言，吸引她們的不是服裝的品質，而是八千元的價格。她們會理所當然地認為，八千元的價格就表明服裝的品質不錯。要不，怎麼會賣八千元呢？另外，八千元的價格本身表明一種身價，滿足了女人的虛榮心。在這種心理主導下，富有而又虛榮的女人就很容易鑽進猶太人的心理戰「包圍圈」，到頭來揚揚自得，不知自己吃了大虧。

猶太人與一般商人的原則往往背道而馳。他們認準了一個目標：「厚利多銷」——這正是他們善於做生意、巧於經商的智慧體現。但他們也不是一味地高抬物價。在市場上，他們了解，競爭無可避免，從而他們也會利用下調價格等各種方法贏取勝利。不過，他們反對同行業內的惡性競爭。

總之，靈活多變地運用價格調整的手段，最大可能地攫取利潤，促進商品的銷售，是猶太人的至尊法寶。

4 有錢的地方，就有猶太人

貧窮的摩塞斯到富翁家，以悲哀的口吻說：

「請您大發慈悲，請您大發慈悲吧！我為了生活下去，必須獲得他們的協助，請助我一臂之力吧！」

其實，摩塞斯有六個兒子，他們都獨立生活，從事服裝、皮鞋、文具、酒類，以及花卉等的生意，而且都發了財，在社會上都具有相當的地位。

「您不是有六個都很優秀的兒子嗎？為何不去投靠他們呢？」

「因為我是一個具有獨立性的父親呀！」

孟德斯鳩說：「有錢的地方，就有猶太人。」

猶太人長期沒有國家，這使他們生來就是世界公民；猶太商人沒有固定的市場，這使他們生來就是世界商人。

在最早聚居於迦南時，猶太人藉地利的優勢，或倒買倒賣、或長途販運。到所羅門王時期，猶太人組成了自己的貿易船隊和國家艦隊，遠征印度，從那裡運回黃金、象牙、檀香木、寶石、猴子和孔雀。

大流散之後，猶太人被迫完全進入國際貿易的世界市場。在各國統治者的驅趕追逐之下，他們匆匆奔波，學會了機靈敏銳地對付各種生活和生意上的突發變故。他們熟悉了世界各地的市場行情，結交了天南地北的貿易伙伴。

為錢走四方，跨國經營

猶太民族重視契約，很早就定出嚴密的交易規則和周詳的交易律法。這使他們能跨越國界、民族，游刃有餘地穿行於各國市場。而且，精明的猶太人還不忘熟讀各駐在地主國的商業法規和法令，找出其漏洞或對從事某項交易有利的規章，以便精研對策，從中牟利。他們可說是大大方方地鑽漏洞，正正經經地大撈一票。

伊斯蘭教興起後，由於宗教信仰的區別和宗教狂熱，伊斯蘭世界和基督教世界開始了長期的敵視和對抗，使歐亞非之間的貿易中斷。東、西方商人由於宗教、文化差異而難以打入對方的地盤。而失去祖國的猶太人卻從中攫取每個天賜良機。

猶太商人聲東擊西，轉戰南北，廣為聯繫，做成了一筆又一筆的大交易。伊斯蘭世界和基督教世界互相仇視，而猶太人則獨立於這種對峙之外。意識形態不中立，但金錢是中立的。只要和猶太人做生意，誰都是朋友。這是猶太人為錢走四方的經商準則之一。為錢走四方是猶太人天生的特性。他們不僅自己天馬行空，四處奔遊，買進賣出，還鼓勵別人這麼做。

有人說，猶太商人對世界市場的形成所做出的最偉大之貢獻，是美洲新大陸的發現——新大陸的發現就是猶太人為錢而「走」結出的果實。

新大陸發現後不久，就有猶太人移居，成為最早的殖民者之一。一個世紀後，猶太人就控制了新大陸殖民地的貿易，絕大部分的進出口都掌握在他們手中。他們將殖民地的原材料運往歐洲大陸，又將歐洲的工業成品運回殖民地，從中賺取高額利潤。後來，他們甚至投身於臭名昭彰的奴隸貿易。

總之，猶太人對資本主義世界市場的開拓和形成，做出了卓越的貢獻，而這都源於猶太人為錢走天下的特性！

資本主義世界市場形成之後，猶太人已不滿足於小打小鬧的小生意。他們四處行走，販大宗布帛，賣斗量珍珠，做四方生意，賺取八方錢財。其中，羅思柴爾德家族的盛名迴蕩於歐洲各地；施格蘭王國的影響已遍及全球。

當今世界，商場如戰場，而猶太人總能勝人一籌。他們在商業上的成功往往出現於最出人意料的地方：從威士忌到鳥飼料，從唇膏到穀物交易，從國防合約到地板亮光臘，從稀有金屬到服裝式樣，從臨時性人事代理到光電複印，從電腦硬體到電腦軟體，從旅館到奶酪餅……

不管何時何地，猶太人總能在世界商場上獨闢蹊徑，出奇制勝。因此，老美說：咱們美國的錢都在猶太人的口袋裡。

外語是世界性商人的通行證

在過去，一般人的觀念中，外語只是涉外工作人員必須具備的語言工具，與其他人毫無關係。這種觀念產生於封閉式的社會當中，民眾無法接觸到國外的東西，也很難有機會與外國人打交道。因此，沒有對外語的需求算很正常。

但是，現代社會的開放程度越來越高，知識、資訊、資本、人員高度流動，不少人整天都在談論著地球村和全球化，每天大量接觸他國的各種新資訊，接觸到大量外國人士。這不僅是為了工作，也可能是為了生活。在這些事實背後，語言的鴻溝必須跨越。不懂外語，或只懂一點可憐的外語，我們靠什麼同外國人打交道？手勢和翻譯太不方便了。我們必須掌握外語。是掌握，而不是明白。這樣，我們才能準確地表達自己，也才可能準確地理解他人，從而反應迅速、判斷正確。

那些跨足世界的商人，每天的工作，最多者莫過於商務談判。國際性的商務談判，彼此不懂對手的語言，而借助於翻譯，肯定會影響到判斷的速度和準確性，從而最終影響到談判本身。因此，在國際貿易談判中，想要反應迅速，判斷準確，表達流暢到位，惟一的辦法就是懂得對手的語言，並能用外語與對手交流。這是對國際商人最基本的要求。同一事物，在不同的國家，用不同的語言表示。對一件事物，只有從多角度去認識，才能深刻而全面。

國際商業談判中，不懂外語，必定會吃大虧。例如，猶太人常用的英語中有「nibbler」一詞，是從動詞「nibble」而來。「尼布」本義是釣魚時，魚食魚餌的情形。魚食魚餌，有兩種結果：不是將魚餌吃掉，就是被魚鉤鉤住。

吃掉魚餌而逃走的魚叫「尼布拉」。在猶太人的生活中，把「尼布拉」的意義引申，以此比喻那些「吃掉魚餌而逃走」的商人。這是猶太式英語的詞義。在日語、漢語中，並沒有相同的詞語表示這個意思。為此，只懂得漢語的中國人就無法理解「尼布拉」的意義，難免遭到「尼布拉」，失去魚餌。

猶太人學外語不嫌多，除了英語，他們至少還會再學一門。掌握了多種外語，有助於擴展業務，直接與多國進行貿易合作和商品交易，為賺錢提供更多的途徑。他們學外語的原則是：多多益善！

國際商務談判中，英語是通行的工作語言。在廣大的歐美和較發達地區，英語是通用語。在電腦國際網路上，英語是最基礎的語言。因此，英語早就成為國際通用之「世界語」了。

所以，如果想賺大錢，首先必須把英語學好，學到能用英語自由自在地交談，做到「說自己想說的話，而不是說自己會說的話」，即暢所欲言。

能講一口流暢的英語，是賺錢的第一條件。每個猶太人，都會說一口流利的英語，所以他們在世界「流浪」時，暢通無阻。猶太人錢包裡的錢，有一大部分應歸功於英語。沒有英語，他們就寸步難行，還談得上賺錢嗎？

在猶太人眼中，二十世紀的英語和金錢是兩位一體，不可分。對從事國際貿易的商人來說，更是如此。

5 賺錢就是要靠女人和嘴巴

猶太語的乞丐為「修諾拉」。

有一天早晨六點鐘，西門家的大門被敲得震天價響。主人西門先生被吵醒了，以致他「臭著一張臉」打開了門。

原來，門前站著一個乞丐。他對西門說：

「請您發發慈悲心，給我一些錢吧！」

「就算我有多餘的錢撒在全世界各地，我也不會把錢給你！真是莫名奇妙！清晨六點鐘就來吵人！」

想不到這位「修諾拉」卻挺起了胸膛說：

「我絕對不會批評你的行為舉止。所以嘛！你也不必管我的行為舉止！」

現今的社會，什麼東西都可以成為商品，可謂處處「商機無限」。但做生意總有個利潤厚薄之分，也有個長短線的問題。有的商品可能很好銷，利潤率卻很低，有的商品可能銷路不是很廣，但利潤率很高；有的東西只在特定的環境和時間才有錢賺，有的東西無論什麼時候都賺錢。我們總想知道，究竟什麼東西最能賺到錢。

當大多數商人還在摸索的時候，猶太人早已把商品分了類。他們認為，不管過去、現在還是將來，「女人」和「嘴巴」都是最能賺錢的因素。「女人」生意和「嘴巴」生意無疑是猶太人生意經中最耀眼的部分。

猶太人的經驗就是：男人工作賺錢，女人使用男人所賺的錢。想賺錢，就必須瞄準女人，奪取女人所持有的錢。這就等於把男人工作所掙的錢導入你的荷包。

人類生活中，最重要的莫過於吃。只有把食物吃進肚子裡，人體吸收營養，才得以生存，社會也隨之得到繁榮。這是很簡單的道理。猶太人就是抓住這個人人都懂、十分簡單的道理，尋找賺錢的機會，經過幾千年的反覆實驗，總結出「嘴巴」也是最能賺到錢的對象之一。

瞄準女人的口袋

人類歷史之始，男女同工同酬。經歷了一段原始社會的生活之後，人類慢慢進化，工作成了男人的主要任務，女人則逐漸與工作脫離而主持家務，支配男人所賺的錢。這樣，世界上的金錢幾乎都集中到女人手中。眼明手快的猶太商人很早就洞察到了這一點，提出了「瞄準女人」的口號。「女人」不僅是賺錢的對象，而且是賺錢的「第一對象」。

自認為具有常人之經商才能以上的人，如果瞄準了「女人」這個對象，財源必定會滾滾而來。反之，如果經商者想席捲男人的錢，拼命「瞄準男人」，生意往往會失敗。因為男人的任務是賺錢。能賺錢，並不意味著持有錢。擁有錢，消費金錢的權力，大多數在「女人」的手中。

因此，猶太人告訴我們，做「女人」的生意絕對沒錯。不管是閃光奪目的鑽石，豪華的皮草大衣、戒指、別針及項鏈、耳環等服飾用品，還是高級皮包等商品，都有很高的利潤。商人只要稍稍運用聰明的頭腦，抓住時機，以「女人」為對象賺錢，大疊大疊鈔票必定會自動進入你的口袋。

世界最有名的高級百貨公司「梅西」公司是猶太人施特勞斯親手創辦起來。施特勞斯從當童工開始，繼而當一個小商店的店員，在這段打工生涯中，他注意到，顧客中大多是女性；即使有男士陪著女性採購，決定購買權的都在女性。

根據自己的觀察和分析，他認為，做生意，盯著女性市場，一定前景光明。待他積累了一點資本，自己經營小商店「梅西」，就從經營女性時裝、手袋、化妝品開始。經過幾年的經營，果然生意興旺，利潤甚豐。他繼續沿著這個方向，加大力度，擴大規模，使公司的營業額迅速增長。總結了自己的經驗，他接著開展鑽石、金銀首飾等名貴產品的經營。他在紐約的「梅西」百貨公司總共六層展銷鋪面，展賣時裝（絕大多數是女性時裝）的佔二層，展賣鑽石、金銀首飾的佔一層，展賣化妝品的佔一層，其它二層是展賣綜合的各類商品。可見，女性商品在「梅西」公司佔了絕對多數。經過三十多年的經營，他把一間小商店辦成世界一流的大公司，顯然與他選擇女性為目標有很大的關係。

另外，讓我們再看看鑽石市場。南非是全世界最主要的鑽石原料產地，而世界最大的鑽石產品加工場卻在以色列。以色列沒有出產鑽石，卻成為世界最大的鑽石加工地，這是很值得深思的。道理出在以色列的猶太商人慧眼獨到，他們知道鑽石經營加工後顯得華麗名貴，能博取各國女性的歡心和仰慕。而當今世界大多數國家和地區的民族雖然是男性掌權當家，但他們當中有的把自己賺來的錢交由妻子管理，有的男士雖然自己掌握財政權，但為了顯示自己對妻子或女友的愛，不惜代價，讓她們隨意花錢，以討個歡心。以色列的猶太商人據此不惜投資，大辦鑽石加工業，從南非等地進口原料。

專做「嘴巴」的生意

猶太商人發跡的另一財源，就是人類的嘴巴。可以說，嘴巴是消耗的無底洞。當今地球上有五十多億個大大小小的「無底洞」，其市場潛力非常大。為此，猶太商人設法經營凡是能夠經過嘴巴的商品，如糧店、食品店、魚店、肉店、水果店、蔬菜店、餐廳、咖啡館、酒吧、俱樂部等等，不勝枚舉。毫不誇張地說，只要能進入嘴巴的東西，他們都經營，因為這些行業都能賺錢。

入口的東西都得經過消化和排泄。一美元一支冰淇淋，十美元一份牛排，進入人的嘴幾小時後，都會化作廢物排泄掉。如此不斷循環消耗，新的需求不斷產生，商人可以從中不斷賺到錢。當然，經營食品不如經營女性用品見利快。為此，猶太生意經中把女性商品列為「第一商品」，而把食品列為「第二商品」。從事「第一商品」經營的猶太人比經營「第二商品」的多。猶太人自詡比華僑更具有經商才幹，依據的就是華僑經營「第二商品」者居多。

當然，任何一種生意，想做好它，光生搬硬套生意常規遠遠不夠，它還需要具有聰明的頭腦和深邃的洞察力。「嘴巴」生意也不例外。以下所舉的一個日本人經營肉餡麵包生意取得成功的例子就證明了這一點。

這位先生是大阪人，現今有名的大富翁，也是日本肉餡麵包的創始人。二十世紀70年代初，他與美國麥當勞公司合作，向日本人提供物美價廉的肉餡麵包。剛開始經營的時候，日本商人都笑話他，說是在習慣於食大米的日本推銷肉餡麵包，無異於自找死胡同鑽，絕不可能打造出市場。但他不這麼認為。他看到日本人體質弱，身材矮小，這可能同食大米有關。他又看到，美國的肉餡麵包店效應正向全世界發展。基於這兩點，他看出，同樣是「嘴巴」的商品，在美國能暢銷，在日本沒什麼不可能！再說，按照猶太人的觀點，「嘴巴」生意絕對賺錢。只要經營得法，為什麼不能獲取利潤？

憑著這些信念，他的內餡麵包店開張了。不出所料，開業的第一天，顧客爆滿，利潤還大大超過他原來想像的程度。以後利潤日日升高，一連用壞了幾台世界最先進的麵包機器，還是滿足不了顧客的消費需求。

直接靠女人賺錢，亦非歪道

猶太人很能賺女人手裡的錢和人們花在吃上的錢。另有些人則直接將女人當成賺錢的工具。這或許有道德上的爭議。但猶太人不拘於賺錢的方式，認為凡能賺錢者即為真智慧。況且，在現代市場經濟下，經濟學的鐵律就是——有需求，即有供給。上帝分人為男女各一半，女人對男人，有莫大的吸引力，這就蘊含著商機。

二〇一七年剛剛過世的美國《花花公子》雜誌的創始人海夫納的發跡，便是典型靠「女人」這一商品起家的大富豪。

海夫納生於美國芝加哥一個猶太小康之家。他從小聰明、頑皮，不喜歡學習，是一個功課很差的學生。

一九四四年，海夫納中學畢業。時值二戰，他響應政府號召，欣然應徵入伍。

一九四五年二戰結束，他復員回家。由於他持有軍方的推薦信，按照政府的規定，他有權優先進入大學。大學期間，他讀到一篇當時轟動美國的關於女性性行為的文章，使他對這個領域產生了濃厚的研究興趣。這成為他日後創辦《花花公子》雜誌的推動力之一。

大學畢業後，進入芝加哥的一家漫畫雜誌和暢銷雜誌社工作。但他老覺得自己做一名小小的記者未免有點大材小用，薪水也低。因此某一天，他來到總編輯的辦公室，提出自己的要求：「請總編每月給我增加40美元的薪水！」

「哼！像你這樣的水平，能值那麼多錢嗎？」

總編對這個自命不凡的小記者不屑一顧，不由自主地狠狠揶揄了他一番。

海夫納受辱之後大為惱火，毅然辭職。

不料這次辭職正好使他大展其才。他憑藉這段日子在雜誌社工作的經驗，並以他犀利的眼光，洞悉出經營「女人」商品大有潛力，便費盡九牛二虎之力，向父親和弟弟及銀行貸款，湊足了一萬元，創辦了《花花公子》雜誌。

海夫納深知，第一期雜誌的成敗與否是一大關鍵。第一炮打響的話，他可以一鳴驚人；打啞了，雜誌無人問津，他就很難再有資金出版第二期。他精心策劃第一期的內容，以好萊塢性感明星瑪麗蓮・夢露的寫真照片作為封面，並在正文插入夢露的數頁半裸照片。一九五三年11月，第一期《花花公子》創刊上市，一下子「洛陽紙貴」，許多讀者了為了一睹夢露的芳容，爭相搶購。海夫納一直懸著的心一下子落了地，大喜過望。

一個月後，他就銷售了5萬多本雜誌，第一次的印數就增加了近一倍。他不僅收回了全部投資，而且一夜成名，一下子成了聞名遐邇的人物。最初幾期《花花公子》主要採用夢露及其他一些性感明星的寫真照片作封面和插頁。隨著銷售量的急劇增加，雜誌社有了一定的資金積累。

於是，海夫納開始聘請模特兒拍照片，拿這些活生生的形象裝飾新欄目的內容，彩色精印，令讀者耳目一新。此外，為了擴大宣傳，他在芝加哥及全國各地開設《花花公子》俱樂部，甄選貌美而性感的女郎化裝成兔女郎，招搖過市。雜誌銷量再一次大增。之後，《花花公子》還開設了一個叫「小家碧玉」的新欄目。這個欄目上的照片一律是清純少女。雜誌的銷量再一次增加。

《花花公子》登出許多性感明星的艷照，並為「性愛非罪惡」而疾呼，引起社會上的極大反響，人們褒貶不一。但當雜誌提出反對保守意識，支持墮胎合法化等許多新觀點後，卻獲得一致讚揚，被譽為「開放」的象徵。「花花公子」這個品牌也成了世界著名的品牌之一。

6 精於計算，不肯吃一點虧

輪船遇難了，有一位美麗的少女漂流到大海洋中的一個孤島。這小島數年前就住了一個同樣遭遇的猶太男人，過著孤獨寂寞生活。他看到她正在悲傷哭泣，就走過來安慰說：

「小姐，傷心也是無濟於事的，不如轉變心情；這個小島，空氣和水都很清新，視界寬廣，氣候又佳，雨水也足，水果種類不少，而且有我陪妳說話，並沒有妳想像的那麼糟啊！」

那位少女聽了抬起頭來，輕啟朱唇說：

「這麼說，人家不就等於是為你帶來了夢寐以求的東西囉！」

男人聽了很興奮地說：

「什麼？妳有我夢寐以求的——麵包、牛油、火腿、蛋？神啊，祢聽到我的祈禱啦！」

猶太人在商場上絕對容不得模稜兩可，馬馬虎虎。特別在商定有關價錢時，他們非常仔細，對於利潤中的一分一釐，計算得極其清楚。同時，猶太人的精明算計，有時也讓人不得不服氣。

一個旅行者的汽車在一個偏僻小村莊拋了錨。他自己修不好。有村民建議他找村裡的鐵匠看看。鐵匠是個猶太人。他打開引擎蓋，朝裡頭看了一眼，之後用小榔頭朝引擎敲了一下——汽車啟動了！

「共20美元。」鐵匠不動聲色地說。

「才敲一下，這麼貴！」旅行者驚訝至極。

「敲一下，1美元，知道敲哪兒，19美元，所以合計是20美元。」

猶太人就是這麼精明。只要他們認為該賺錢的地方，他們一定會臉不紅、心不跳地賺它回來。在長期的商場磨練中，他們已練就了閃電般迅速的心算能力。

亞洲有家公司的職員引導某猶太人參觀一家電晶體收音機工廠。猶太人看著那些女工作員片刻後，問道：「她們每小時的工資是多少？」

職員聽了，一邊算著、一邊回答：「平均薪水為二萬五千元，每月工作日為25天，一天一千元，每天工作8小時，那麼一千用8除，每小時125元，換算成美元是等於……」

花了兩、三分鐘，他才算出答案。可那位猶太人聽到月薪二萬五千元，立即說出「每小時35美金」的答案。待工廠的一位負責人做了精算，他又早已從女工人數、生產能力及原料等，算出生產每部電晶體收音機，投資者能賺多少錢。

猶太人因為心算快，經常能做出迅速的判斷，這使他們在談判中能夠鎮定自若，步步緊逼，直至大獲全勝；在商場上游刃有餘、坦然從容。

猶太人是天生的數學高手

對猶太人來說，精於計算，是為了錙銖必較。反之，我們大多數的國人則不好意思「斤斤計較」。但在猶太人眼中，該攫取的利潤，絕不應放手。他們既計較得很清楚，又能迅速地算出結果。把兩者結合起來，是猶太人的聰明之處，也是他們

善於做生意的訣竅之一

使猶太商人越來越精明的原因很多，其中一個極為重要且獨具猶太特色的因素就是，猶太人對精明本身的心態。

世界各國、各民族中都不乏精明之人，這毫無疑義。但相互比較起來，自然有個程度的不同。對精明本身的態度，也大不一樣。

中國人不可謂不精明，能精明到「大智若愚」，可以說已臻於極境。然而，正是從「大智」需要「若愚」，可以反窺出，在中國人的心態中，「精明」是一種只適宜在陰暗角落中生存的物種。中國人的典故中多的是「聰明反被聰明誤」的訓誡，反映出「精明」在中國人的文化心態中，多多少少有點兒像個丑角、不像科班出身的名門閨秀。

猶太人則不同。猶太人不但極為欣賞、器重、推崇精明，而且是堂堂正正地欣賞、器重、推崇，就像他們對錢的心態一樣。在猶太人心目中，精明是一種自在之物，可以以「為精明而精明」的形式存在。這當然不是說，可以精明得沒有實效，而是指除了實效之外，其它的價值尺度一般難以用來衡量精明。精明不需要低頭垂首，在道德法庭上受到審判或被訓斥。

美國和蘇聯兩國成功地做了載人火箭飛行之後，德國、法國和以色列也聯合擬訂了月球的旅行計畫。火箭與太空艙都準備好了，接下來就是要挑選飛行員了。

工作人員先問德國應徵人員，在什麼待遇下，才肯參加太空飛行。

「給我三千美元，我就幹。」德國男子說：「一千美元留著自己用，一千美元給我妻子，還有一千美元用作購房基金。」

接下來，又問法國應徵者。他回答：

「給我四千美元。一千美元歸我自己，一千美元給我妻子，一千美元歸還購房的貸款，還有一千美元給我的情人。」

最後，以色列的應徵者則說：

「五千美元我才幹。一千美元給你，一千美元歸我，其餘的三千美元請那個德國人開太空船！」

由這則笑話所透露出的猶太人的精明，用不著我們多說了。猶太人不須從事實務（開太空船），只須擺弄數字，而且是金融數字，就可以享有與高風險工作的從事者同樣的待遇，這正是他們經營風格中最顯著的特色之一。

令人意外的是，這不是其他民族對猶太人出格的精明所做的一種刻薄的諷刺，而是猶太人自己發明的笑話。這裡頭就大有文章了。

平心而論，笑話中，猶太人並沒有盤剝德國人，德國人仍然可以得到他所開價的三千美元。至於是從有關委員會手裡拿到，還是從猶太人手裡拿到，似乎沒什麼不同。那麼，猶太人自己的開價呢？既然允許他們自報，他報得高一些也無可非議；怎麼安排，純屬他個人的自由，就像法國人公然把妻子與情人一視同仁一樣。所以，在這則笑話中，猶太飛行員的精明並沒有越出「合法」的界限。

說實話，僅就結果而言，任何一國的飛行員若處於這種「白拿一千美元」的位置上，必然都會感到滿意。但無論在笑話中還是現實生活中，他們都不會提出這樣的要求，甚至連想也不會想到，因為這種「過於直露的精明」在潛意識層次就被否定了：他們會為自己的精明而感到羞愧！

然而，從這則笑話本身來看，我們絲毫感覺不到猶太人有為自己精明得「過分」而羞愧的意思，只表現出一種得意，一種因為自己想出了如此精明、甚至精明得無法實現的念頭而「揚揚自得」的心情。至於是否「過於直露」，絲毫不在他們的考慮之中，更不可能影響他們對精明本身的欣賞。他們把「精明」完全看作一件堂堂正正，甚至值得大肆炫耀的東西！可以說，對精明本身的發展、發達來說，沒有什麼東西比這種坦蕩的態度更為關鍵、更為緊要了。猶太商人可以說就是在為自己卓有成效的精明開懷大笑聲中，變得越來越精明！

猶太民族的笑話大多都是精明的笑話，現實生活中的猶太商人更多的是精明之人，而且是同樣對精明持著這種坦蕩無邪之態度的精明之人。

上海的大班

二十世紀初期，上海有一個大名鼎鼎的猶太富商哈同，他是來上海奮鬥的猶太人中惟一由赤貧而至豪富的人。他的精明在上海堪稱婦孺皆知，幾乎成了一種傳說，還被看作猶太商人的典型。

哈同全名為雪拉斯・阿隆・哈同，又名歐司・愛・哈同，一八五一年出生於巴格達，一八七二年隻身到香港謀生，於次年來到上海。其時衣衫襤褸，囊中空空。他通過熟人介紹，進入老沙遜洋行供職，先做守門人員，後當跑街（外勤），很快轉任煙土倉庫管理員和收租員。由於工作勤勉、頭腦靈活，於一八七九年被提拔為大班協力兼管房地產部。

一九〇一年，他獨立開辦了哈同洋行，專門從事房地產，事業興旺。最後於一九三一年去世。

哈同做生意時表現出來的精明以及他對精明所持有的心態，從他計算地租、房租上就可以看出來。

哈同出租一般住房和小塊土地的租期都挺短，通常3至5年。租期短，既便於在需要時及時收回，又可以在每次續約時增加租金。在哈同的地皮上，哪怕擺個小攤子，也得交租。

有個皮匠在哈同所有的弄堂口擺了個皮匠攤，每月也要付地租5元。哈同每次向他收地租時，總是很和藹地對他說：「發財、發財。」但錢一個不少。

哈同計算收租的時間單位也與眾不同。當時上海一般房地產業主按陽曆月份收租，他卻以陰曆月份訂約計租。眾所周知，陽曆月份一般為30或31天，陰曆月份為29或30天，所以陰曆每3年有1個閏月，5年再閏1個月，19年有7個閏月。這樣，按陰曆收租，每3年可以多收1個月的租金，每5年可多收2個月的租金，每19年可多收7個月的租金。

還有，哈同發達之後，曾花了七十萬兩銀元，建造了當時上海灘上最大的私家花園，名之為「愛儷園」。為了便於管理職工，哈同對職工的職責和等級做了明確的規定，並讓賬房製作相應的徽章。就是這樣一個表明工作職責的徽章也要職工自己掏錢購買。每個徽章的製作成本僅為5個銅板，「零售價」卻達4毛錢！

哈同的這種精明可說已到極境。但反過來看，這樣的精明固然需要一定的算計能力，畢竟又用不了多少聰明，真正需要的恐怕還是一種心態，一種對於精明本身的賺錢心態。

隨便什麼地方，不但要想方設法精明，一旦有了精明的點子，更要理直氣壯地付諸實施，不顧別人怎麼想。可以說，當時的同行根本不會採用他那種按陰曆計租的辦法，這既是一種不如哈同精明的表現，更因未具備哈同那種對精明的坦蕩態度：當其他民族的商人為了自己是否會顯得過於精明而猶豫不決、甚或將精明的點子擱置時，他們同猶太商人的距離就拉開了，他們在同猶太商人的交易中處於下風的必然處境也從而決定了。

7 猶太人的生意場上無禁區

在火車上，基督教牧師和猶太教的拉比兩人針鋒相對地聊了起來。

牧師皺著眉頭說：

「哎呀！我昨晚作夢，夢見猶太人的天國裡亂烘烘地，到處都是又髒又醜陋又吝嗇的猶太人。」

拉比聽了也不甘示弱：

「我昨晚也夢見了基督教的天國，實在太好了！乾乾淨淨，四季不絕的花朵，散發令人心醉的芬芳，太陽高照，泉水清冽，可奇怪的是連一個人影也沒有，打聽之後才知道，原來基督徒都進不了天堂！」

猶太人素以清規戒律繁多而著稱於世，對他們自己的六一三條戒律充滿自豪之感。對此，外人也許至感疑惑：「作繭自縛，還自豪些什麼呀？」

這種疑惑多半出於對猶太人的不了解。現實生活中，猶太人相反倒比其它許多民族都要少受束縛。因為規則越多、越詳盡，某種意義上反而意味著可以明確不受限制的地方也越多。反之，初看起來沒有明確的限制，但做起來動不動就觸電，反倒令人更無所適從。

所以，相比之下，猶太人反倒更加自由。這種自由體現在商業活動中就是——猶太人做生意，幾乎沒有禁區。

猶太人不吃豬肉，此為飲食律法中明文規定的一大忌。不過，只要有錢可賺，猶太商人十分樂意經營豬肉的買賣。美國芝加哥有一個飼養豬的猶太商人，養豬數量多達七千萬頭；美國的屠宰業有 10％控制在猶太人手裡。由此可見，有關豬肉的律法，對猶太人的豬肉生意毫無約束力，因為律法只禁止猶太人的嘴巴同豬肉打交道，而不禁止生產買賣同豬打交道。

《塔木德》對酒的評價並不高，說是：「當魔鬼想造訪某人而又抽不出空時，便會派酒做自己的代表。」這同我們日常語言中的「醉鬼」一詞，有異曲同工之妙——喝醉之人同鬼相去無幾。為此，《塔木德》叮囑猶太人：「錢應該為買賣而用，不應該為酒精而用。」

那麼，若是「錢為買賣酒精而用」呢？這就大有賺頭了。一方面要設法避免讓自己的錢流進他人的酒桶，另一方面更應設法讓他人的錢流進我的酒桶。在錢的問題上，撒旦的代表往往比上帝的代表辦事效率高，無論是把錢帶出去之際，還是把錢帶進來之時。

世界上最大的釀酒公司「施格蘭釀酒公司」就是猶太人所設立的。一九七一年，這家公司擁有五十七家酒廠，分布在美國和世界各地，生產一百一十四種不同商標的飲料。

猶太人極為重視立約與守約，並使之高度神聖化。然而，這種態度並沒有導致他們把合約書供奉在神龕上，每天為它獻祭。相反，只要有買主、賣主，合約本身也是商品，同樣可以買賣。當然。這種合約必須合法、可靠，而且有利可圖。

猶太商人中有一類英語稱為 factor 的商人，常被譯為「代理商」。其實，這種譯法不夠確切。factor 專門從事購買合約的勾當。他們把別家公司、企業已經訂立的合約買下來，代替賣方履行合約，從中獲利。

比如你同某家公司簽訂了一筆二百萬元的供貨合約。factor 知道後，發現其中有利可圖，便會找上門來，談好付你比如20%的價格，買下合約。然後，由他向要貨的公司供貨。當然，他最後的獲利必定大大高於合約金額的20%。

合約是商品，公司也是商品。

不迷信老牌子

猶太人很喜歡創立公司，特別喜歡創立盈利的公司。不過，他們最最喜歡的也許是創立了盈利的公司，再把它賣了賺取更多的利益。

猶太人不是出身於守著一小塊土地過活的小農家庭，沒有那種故土難離般對所創立的公司產生的依戀。這種略顯傷感的情感，也許在基督教會剝奪猶太人的土地佔有權時，給一起剝奪掉了。既然創立公司的目的就是盈利，那麼，最好的報答就是公司賣了最高價。若到手的是現金，那簡直就十全十美了。

聞名世界的美國愛司旅行箱公司，老板是猶太人。愛司公司的總部最早的時候設立在芝加哥。由於該地氣候惡劣，老板得了肺結核，醫生勸他到美國南部療養。於是他乾脆乘行情看好之際，賣掉了芝加哥的公司，舉家南遷。等他安頓下來，療養好了，就在南部重新開張，再次生產旅行箱。結果，他又成了世界第一的旅行箱大王。

當然，有些買賣公司的猶太人在確有經營的成就時，也會多少做些手腳，以抬高售價。

沒有禁忌，並非沒有法律

一九六九年因在證券交易中動作不合規範而被美國證券交易委員會起訴並因此啷鐺入獄的猶太商人沃爾夫森，可說是二十世紀50、60年代的金融神童。他從籌借1萬美元創業起，把一家廢鐵工場辦成了高盈利的企業。到28歲時，他的財產已超過100萬美元。一九四九年，他以210萬美元的價格買下首都運輸公司。這是華盛頓特區的一套地面運輸系統。時隔不久，他就宣布增加紅利。這種做法本身是平凡之極的慣例，只是，這一回，紅利超過了公司的盈利。也就是說，沃爾夫森是以侵用公司庫藏的方式製造高盈利的假象。結果，他把自己的股份以將近高達買價的7倍賣出。

順便提一下，「生意無禁區」不僅僅指交易內容上無禁區，還指交易對象上也沒有禁區。

猶太人是一個世界民族，不管世界劃分為多少個意識形態的勢力範圍，猶太人只有一種意識形態——耶和華上帝及其律法。所以，儘管當年東西方兩大陣營冷戰得熱火朝天，美國猶太人與蘇聯猶太人相互之間照樣做生意，充其量，再請上一個瑞士籍的猶太人同胞當中間人。

不過，話說到底，所謂「生意無禁區」，也只是一種言過其實的說法。因為有利可圖的買賣中，畢竟還有悖於道德和法律的玩意兒，如毒品和買賣人口這類勾當。它們不是一個正派的猶太商人感興趣的目標，雖則其利潤更厚。

所以，對於「生意無禁區」這句話，最好還是理解為：它體現了猶太人在做生意時，盡可能地不受種種非理性的先入之見或純粹之意識形態因素的影響和干擾，從而使自己獲得盡可能大的自由度。這樣一種生意經，理所當然是每個商人都應該學而「用」之的。

8 待人和氣自然會生財

有一個美國人在以色列旅行，有一天他在公路上，前面來了一輛馬車，他和猶太人的車伕打招呼。

「到蘇活奇鎮還有多遠？」

「差不多半個鐘頭路程。」

「可不可以讓我搭便車呢？」

「可以啊！」

可是，半個鐘頭之後，卻仍看不到蘇活奇鎮。

「蘇活奇鎮還有多遠？」

「差不多一個鐘頭路程。」

「咦！你剛才不是說半個鐘頭路程嗎？」

「是啊，可是我們是朝著相反的方向走啊！」

與猶太商人打交道，你會發現他們總是一副笑咪咪的臉。不管生意是否做成，甚至為合約而產生不同的意見，他們總會以笑臉面向對手。有時對手發脾氣，雙方不歡而散，猶太人還是會道聲再見。第二天再遇上，他彷彿不曾有過不高興那回事，仍以微笑的臉孔問候：「早安！」

猶太人這種和氣的態度，也許與他們長期流散異鄉和受盡迫害有關。暫且不探索這種關係，但憑這種和氣的儀表，在人際交往之間，確是一種有效的融合劑，很容易把對手吸引住。

在商務活動中，實踐證明，這是一種促銷手段。為什麼這樣說呢？因為人是群體動物，人與人的關係是否和睦相處，對事業的影響很大。企業家製造出來的商品或服務，因得人喜愛樂用而賺錢，發財；政治家開展政治活動，因得到人才和眾人的擁護而有所作為；歌唱家得到樂隊的伴奏和觀眾的捧場而成就事業……一切離不開人。猶太人領會這一道理，把人與人之間的關係處理好，成為他們成就事業和發財致富的一種技巧。

人的工作就是要不斷推銷自己

猶太人認為，在人的一生中，每天都在做推銷的工作，推銷自己的創意、計畫、精力、服務、智慧和時間。如能妥善地把握「推銷自己」，定可出人頭地，實現自己奮鬥的目標。相反，那些失敗者，十有八九是不善於「推銷自己」，而不是本身能力上有什麼問題。

善於「推銷自己」，與人和諧相處的能力必佳。根據心理學家的研究，人類的心都有被人注目、受人重視、被人容納的願望。不管是歐洲人、美洲人、亞洲人、大洋洲人或非洲人，只要是人類，都有這種願望。猶太人根據這種共同規律，在一切生活中，包括做生意的一切過程中，注意關心周圍的各種人，讓他們領會到自己關心著他們，容納他們，從這個梯階開始，通向成功的目標。

猶太人這種處世原則自有其根據。人都有其基本願望。概括地說，有保持自尊、獨立的願望。如要達到事業的成功或發財致富，就要尊重這些基本願望。

猶太人善於總結別人的經驗：有人想到了一個很好的創意或建議，他揚揚得意地向上司提出來，結果受到上司的冷待；有人向同事直截了當地做出有益的規勸，結果對方反而感到十分不高興呢！為什麼好心得不到好結果呢？因為有自尊、獨立的願望在支配著上司或同事，你直截了當地對他講，他會感受到自尊受了傷害。

猶太人怎樣和氣生財？

假若你的創意或建議，能改用和順的辦法表達，使對方的自尊受到尊重，好的效果自然可以達到。猶太人本著這種和順的辦法，運用了三條法則：

第一條法則：把自己的創意或建議變成對手的。

這亦稱「釣魚法」。即以你的創意或建議為釣餌，使對手自然而然地上鉤。比如說，你想讓對方接受你的意見，以「你這樣想過嗎？」的說法，要比「我是這樣想的」更能打動他，「試一試看看如何？」的說法比「我們非這樣做不可」更能獲得對方贊同。這就是讓對方覺得你的意思就是他的本意，他的自尊得到接納，那麼你的創意或建議就容易被採納。

第二條法則：讓對手說出你的意見。

「面子」不單是東方人的問題，西方人也很講究。所以，提意見要注意這個問題。如果你的意見毫不講究地提出來，出於「面子」問題，對手往往會本能地拒絕接納。相反，你採用和順婉轉的方式提出，對方的「面子」拉鏈可能會自然打開了。如果你以冷靜而溫和的方式提出你的意思，然後說：「雖做如是想，但可能有許多不當之處……不知你對這方面有什麼考慮，意見如何？」這麼一說，對方就可能完全接納你的意思，並順勢而言：「我也是這樣考慮的，就這麼決定吧！」

第三條法則：以徵求對方的意見代替主張。

根據心理學家反覆調查研究的結果，一個人向對手表達同樣的意見，如果以正面而斷然的方式說出，較容易激起對手的逆反情緒。如果以詢問的方式提供主張，對方會以為那是自己的意思，不自覺間就欣然接受了。可見，因為方式的不同，同樣的意思會產生截然不同的效果。

和氣生財的說法，道出了猶太人經商致勝的又一祕訣。它的核心是予人好感。用善意的態度與人交往，別人自會以溫和相報，那麼，生意就容易達成了。

9 從跑街跑到上層社會去

兩個好朋友在路上吵架。

「你的妹妹是娼妓！最下流的妓女！」

可是，被罵的男人卻不還嘴。

旁人看不下去了，就問他：

「你的妹妹被侮辱了，你為什麼不還嘴？」

「我沒有妹妹。」

「他說他沒有妹妹。」

第三者告訴罵人的那位仁兄。

「我知道他沒有妹妹，可是你們這些圍觀的人，並不知道呀！」

十九世紀末，二十世紀初，猶太人剛踏上北美大陸時，大多窮困潦倒，一貧如洗。在一八九九年到達美國的移民，平均身攜22.78美元；猶太人平均只帶20.43美元，低於平均值。一九〇〇年新到美國的移民，平均身帶15美元；猶太人只帶9美元。剛剛到達美國的猶太人，第一形象就是「窮」。

貧窮的猶太人，惟一的辦法是投資10美元，成為流動的街頭小販。他們用5美元辦執照，1美元買籃子，剩下4美元辦貨。赫赫有名的大家族，如戈德曼、萊曼、洛布、薩斯和庫恩家族等，都是從沿街叫賣的小本經營發跡起來。這種發家致富的途徑和方式，對猶太人可說是輕車熟駕。

幾代人的功夫，美國猶太人的形象大變。作為一個群體，美國猶太人已爭取到更高的生活水準和收入。在這個富裕的社會中，猶太人是富中之富。從職業上看，美國猶太人除了商業、金融業外，大多還是從事「白領」職業，如律師、醫生。

二十世紀 70 年代初，美國猶太人聯合會和福利基金聯合會所做的「全國猶太人口研究」表明，猶太家庭平均收入為 12630 美元；同期的美國家庭平均值為 9867 美。猶太人比其他美國人的收入竟高出了28%以上。

美國猶太人由於其可觀的收入，已穩步進入上層階級。在一九七二年五千三百萬個美國家庭中，有一千三百萬個家庭可看作上層階級，其中的二百萬個猶太家庭中，有一半屬於中上層階級。猶太人只佔美國人口的2.7％，但在美國中上層階級中則高達7％。

從職業分布上看，猶太人大多從事較「體面」的職業。據估計，在美國的五十萬個律師中，有十萬個以上是猶太人。美國人常說：「去請一個猶太律師，他會幫你擺脫困境的。」猶太律師相對於非猶太律師，具有更不可匹敵的實力和能量。醫生是一個「體面」且收入極高的職業。全美大約有二十一萬私人開業的醫生，其中猶太人佔了三萬，大約是14％。

由此可見，猶太人的經濟能量非同一般。

在猶太歷史上，不管環境多麼惡劣，道路多麼艱難，猶太人總能成功地步入經濟上的上層階級。他們巧妙的做法是——從小投資發展，躍入上層。

這就是他們從經濟入手，獲取社會地位的生存技巧和智慧。眾多猶太巨商的生命歷程，也許大家都會注意到，他們有一項共同的舉措——在發財致富中，注重解囊做各種善事和公益事業。

猶太人善於利用人們潛在內心的慾望

十九世紀中期至二十世紀初俄國銀行界的金茲堡家族，從一八四〇年創立第一家銀行開始，經過幾十年的經營，在俄國開設了多家分行，並與西歐金融界建立了廣泛的業務關係，發展成俄國最大的金融集團，其家族成為世界知名的大富豪。

金茲堡家族像其他猶太富豪一樣，在其發跡過程中，做了大量慈善工作。在獲得俄國沙皇的同意下，這個家族在彼得堡建立了第二家猶太會堂；一八六三年，又出資建立俄國猶太人教育普及協會；用家族在俄國南部的莊園收入，建立猶太農村定居點。金茲堡家族第二代繼續把慈善工作做下去，曾把他們擁有的歐洲最大的圖書館捐贈給耶路撒冷猶太公共圖書館。

美國猶太商人施特勞斯從商店記賬員開始，步步升遷，最後成為美國最大的百貨公司之一的總經理，在二十世紀30年代成為世界上首屈一指的巨富。

他事業成功的過程中，也做了大量慈善活動。除了關心公司職工的福利外，他曾多次到紐約貧民窟察訪，捐資興建牛奶消毒站；並先後在美國36個城市，給嬰幼兒分發牛奶；到一九二〇年止，他捐資在美國和國外設立了297個布施牛奶站。他還贊助建設公共衛生事業：一九〇九年在美國新澤西州建立第一個兒童結核病防治所；一九一一年，他到巴勒斯坦訪問，決定將他三分之一的資產用於在此地興建施奶站、醫院、學校、工廠，為猶太移民提供各項服務。

諸如上述之例還有很多很多，在此不一一列舉。

猶太商人如此樂於行善，事實上也是一種生意經。他們大量捐資為所在地興辦公益事業，必然贏得當地政府的好感，對他們開展各種經營十分有利。有些猶太富商由於對所在國的公益事業做出重大之義舉，獲得了國王的封爵。如羅思柴爾德家族有人被英王授予勳爵爵位。有些猶太商人還獲得當地政府給予優惠條件，開發房地產、礦山，修建鐵路等，賺錢的路子從中得到拓寬。

猶太商人熱心捐錢辦公益事業，歸根究柢，是一種營銷策略，為替企業提高知名度，擴大影響，博取消費者的好感，起到重大的作用，對企業鞏固已佔有市場及日後擴大市場佔有率必然產生作用。這種營銷策略已廣為人知，並廣為各種企業所應用。猶太商人高明之處在於二百多年前已率先採用。

此外，猶太商人的經營策略把「以善為本」當作一項重要內容，除了與其民族的歷史背景有關外，也是一種促銷良方。人是群居動物，人與人之關係的運用，對事業的影響很大。政治家因得人而昌，失人而亡；企業家因供應的商品或服務為人所歡迎而發財。可見，一切離不開人。猶太商人明白這個道理，在一切經營活動中與人為善，把人與人的關係處理好，成為他們成功與致富的祕訣。

猶太商人處世之道，是把人類內心深處所潛藏的欲望加以利用。他們認為，人類的內心都有被人注目、重視、容納的願望。與人相處，一定要記住這一點。不管是對你的長官、同事、下屬，或顧客、朋友、家人，必須讓他們知道你在關心他們的一切願望。要實現這一目的，就得用善意、親切、溫和的態度與人交往。這樣，對方必會以善意相報。這豈不就達到和諧相處的目的嗎？有了和諧相處的環境和氣氛，雙方之間就好商量，做生意的條件於焉達成。這就是和氣生財的道理所在。

猶太商人還認為，不能與人和諧相處，不能容納別人的缺點和短處，是一個人乃至一家企業失敗的根源。你以蔑視無情的態度對人，即使對方不致與你針鋒相對，亦會對你敬而遠之。這樣，你會失去支持者或合作者，失去廣大的顧客，你的生意便會成為無源之水了。

10 猶太民族的合作精神

有一所猶太教堂的工友，喜歡在拉比外出之際，自己冒充拉比，對來訪的信徒說教。

有一天，一個青年男子前來對拉比說：

「前次那一位代理的拉比告訴我，只要啃三天稻草就可以贖罪，我照樣做了，不曉得我現在是不是已經清淨無罪了？」

拉比嚇了一跳，之後問那個工友，工友說：

「因為你不在，我就代理你傾聽他的話，他告訴我夜裏摸錯了門戶，走進一位正在睡覺的小姐房裏，他大驚失色跑了出來。覺得自己有罪，非贖罪不可，所以我叫他啃三天稻草；拉比您想一想，雖是無意中走進正在睡覺的美女房間，而他竟然會調頭就跑，這不是和馬或鹿一樣嗎？」

俗話說：「一個籬笆三個樁，一個好漢三個幫。」凡事都需要集體的力量。單槍匹馬打天下，實屬不易之舉。

在商戰中，猶太人就非常重視合作。他們認為：找一個旗鼓相當的合夥人就是成功的一半。合作不僅可以揚長避短，共同承擔風險，而且可以增大雙方的力量。

那麼，什麼樣的人才是好的合作夥伴呢？猶太人的回答很明確：他們願意和知識淵博、精明能幹，有雄厚之實力的猶太人合作。總之，找合作生意夥伴宛如找對象般，各自有不同的標準和不同的需要，不能一概而論。但有必要提醒各位：不學無術、無特長者不可合作；多疑而不以誠相待者不可合作；善於巴結逢迎、見風使舵者不能合作；思想僵化保守，不能跟上時代之節拍且一意孤行者不能合作。當然，與有實力的夥伴合作，看似可以背靠大樹好乘涼，但大公司往往以強欺弱，容易大魚吃小魚。不過，既然是雙方合作，雙方是各取所需，實力弱的一方沒必要對另一方一味遷就，以免姑息養奸，讓對方掌握了你的特長，最終將你一腳踢開。

然而，現實生活中的合作有時很難成功。創業時，彼此尚能同甘共苦、同舟共濟。一旦有了勝利的果實，彼此就會為各自的利益爭個面紅耳赤，最終導致合作失敗。這就需要選擇志同道合、素質高的合夥人，又須將醜話說在前頭，簽訂詳細、完善的合作協議。單單以友誼為紐帶，以你兄我弟那種感情為基礎的合作，並不可靠。猶太人是以理智的頭腦選擇合夥人，故而他們的合作大多得以成功。

猶太民族除了種種民族性格之外，還有其它生存法寶，如經久不衰的民族意識等等。團結互助的集體觀念就是猶太人生存法寶的一個重要方面。

猶太民族團結互助的觀念很強

猶太律法主張，提供幫助是「富人的責任」，獲得幫助是「窮人的權利」。在那些艱苦的歲月，猶太人每次籌集向當地政府或統治者交納的稅款時，富人往往自覺地替窮人掏腰包，接濟貧窮在猶太人中蔚然成風。哪怕是窮苦的猶太人家，也都保存著一個攢錢的小盒子，準備施捨給比他們更窮的人家。

一些猶太社團設有一種免費「供餐」的制度。每週不同的日子，窮苦的猶太學生分別到不同的猶太家庭吃飯。由此，他們得以安心讀書。猶太社團裡必定會有慈善機構，這些慈善機構都是靠富裕的猶太人的捐助維持。

絕大多數猶太人堅持以集體利益為重，認為個人只在作為相互依靠之集體的一分子時才能存在。並且，他們的這種集體觀念「強而有力」。

東歐一些國家的猶太社團成員為了清除相互之間存在或可能存在的隔閡，在贖罪日前夕做禮拜時，往往真誠地向相遇者打招呼，說聲：「請寬恕我！」這時候，那個人肯定會全神貫注地聽完他的話，然後立即回答：「我寬恕你！」相對地，這個人也會向對方尋求寬恕。

這種方式成為猶太人之中一條不成文的法律，就是社團的首領和德高望重的長者也不例外。

有時候，兩個猶太人誤會太深，見了面都視而不見，互相躲避。這當兒，與他們都很相熟的老人就會主動上前，使其中一方首先開口。這樣做，至少會使他們平息不滿與怒氣，最終甚至握手言和。

在新的移民地區中，雖然猶太人沒有嚴密的組織，但是，在很多地方，他們會自行擬出兩條不成文的規定：每週聚會一次，或集體做禮拜，或開研討會、觀看電影、欣賞音樂等；在住宅的選擇上，他們也會體現集體之特色，盡可能集中居住在一起，發生意外時即可相互援助。

猶太人的這些民族特性，很大程度上就同他們長期流亡的經歷分不開。試想，當一個民族被迫離開棲身之處，四處流浪，為了生存，他們就不得不發展出一套生存的智慧，不得不團結起來。猶太人就是利用這樣抱成一團的力量，保護他們的生存之地，獲取一份生存的機會。

正因能夠團結互助，猶太人才得以在世界上歷經打殺、迫害、侮辱，而更加繁盛，在生存的惡風險浪中倖存下來。

在猶太人心目中，任何人都不可妄想佔據所有的東西。

因此，在猶太人看來，對人類來說，分享是一個很重要的觀念。但是，大多數人總是希望分享別人的利益，而不希望別人分享自己的利益。

付出才能活化自身

對此，猶太拉比常常借以色列的兩個內海——加利利海和死海為例，向猶太人表達這方面的教訓。

死海在海平面下三九二公尺的低處，周圍是一片無垠的沙漠，對岸則是約旦的領土。死海的水中含有很高的鹽分，鹽的比重很大，當人掉進去時，身體會自然浮起而不致淹死。死海水中無魚，也沒有其它任何生物。

加利利海是一個淡水湖，裡面含有很多生物，因耶穌基督曾在此地傳布教義而享有盛名。海中盛產一種「聖彼得魚」。這種魚雖然外觀醜陋，可是肉味鮮美，已成當地名產。加利利海邊餐廳林立，都以販賣聖彼得魚為主，到此遊覽的旅客常常因此大飽口福。

加利利海岸邊的老樹枝葉茂密，樹上百鳥雲集，啼聲悅耳，真是一個充滿生趣的美麗世界！相形之下，死海就沒有這麼活躍。死海沒有任何生物生存其中，周圍也沒有半棵樹，更聽不到鳥兒的歌聲，連飄浮在死海上的空氣，都讓人覺得沉重而透不過氣來，從來沒有一隻住在沙漠上的動物到岸邊去喝水。因為如此，當地人才稱它為「死海」。

兩者為什麼形成如此大的差別呢？猶太拉比的解釋是：加利利海不像死海——只知收，而不知出。

約旦河流入加利利海之後，又流了出來，最後到達死海。加利利海接受了多少東西，也會奉獻出多少東西，所以它經常活生生的。而每一滴水到了死海之後，都會被佔有。死海把所有的東西都佔為己有，只知進而不知出，所以生物都不願住入其中，從而成為死氣沉沉的景象。

水不流，魚不棲，沒有任何生物飲水，只取而不予，這是很不正常的現象。因為死海從來不奉獻，所以它只能「死」在那裡。我們一生在人際交往中，也可能會遇到像死海這樣只進不出的人，但這種人你絕對不會去深交。

人活著應該像加利利海那樣活躍，經常給予、幫助別人；千萬不能學習死海，只進不出，到時只能遺臭一輩子。

有進有出，才是聰明人的處世之道。猶太民族在處世中就常常注意到這一點，既接受人家的給予，也很注意把自己的東西給予人家，把分享視為人生的信條。這是猶太人成為世界上最優秀之民族的原因之一。

11 猶太人會讓時間增值

新教牧師「蒙主恩寵」昇天去了，在天國入口，看門的聖彼得給他一部金龜車。

「這是做什麼的？」他問。

「這是你一生行好事的報償！」

開了一段路，看到一位天主教神父駕駛一部亮晶晶的美製的別克豪華型轎車，他就問聖彼得說：

「那個人是不是比我做了更多的好事？」

「他因為對主耶穌奉獻很多東西，理應如此。」

過一會兒，他又看到一位猶太教的拉比，揚揚得意地坐在一部勞斯萊斯的車上。這時，牧師氣憤地說：

「那個傢伙，不是每天都在誹謗主耶穌的嗎？」

（編按・猶太人是一神論者，只尊崇上帝是唯一的神。）

聖彼得急忙以手掩住牧師的嘴巴，小聲地說：

「小聲點，讓他先過去，可別讓他又在咱們這兒闖出一片天！」

猶太人經商格言中，有一句叫——「勿盜竊時間」。

這句格言，既關乎賺錢，又涉及猶太人經商的禮貌。所謂「勿盜竊時間」，是告訴猶太人，不得妨礙他人一分一秒的時間。在猶太人看來，時間就是生活、生命，就是金錢。

就猶太人而言，一天八小時工作，他們經常「按秒針算」。就連打字員，下班鈴一響，縱使再打10個字就完成一件公文，他也會停下來，逕自下班。

盜竊時間，對視時間如生命的猶太人而言，就像是偷取了他們的商品，盜竊了他們金櫃中的錢。例如，一位月收入二十萬美元的猶太人，每天工資八千美元，每小時一千美元，每分鐘約十七美元。他工作時，連一分鐘也不做無聊的事。假如他浪費了 5 分鐘時間，即損失現款八十五美元。

猶太商人一般不歡迎不速之客，視之為時間的「偷兒」。

有個年輕人，是某家著名的百貨公司宣傳部頗具能力的幹將。為了市場調查，他前往紐約市。他想有效地運用自由時間，去當地著名的猶太人開設的百貨公司拜訪對方的宣傳部主任。

到達之後，他向接待處的小姐說明來意。

那位小姐很客氣地問道：

「請問先生，您事先約好時間了嗎？」

這位有為的青年頓時無言以對。經片刻定神後，他滔滔不絕地說：「我是某百貨公司的職員，此次來紐約考察，因對你們這兒的工作感興趣，特來請教貴公司的宣傳部主任。」

「對不起，先生，您沒有事先做好預約，我不能為你傳達。」

就這樣，他被拒於門外。

這種不速之客，對猶太人而言，是妨礙做買賣的絆腳石。

時間的盜賊

猶太人在進行商談前，必須預約：「幾日幾時起，晤談幾分鐘。」預約晤談，必須考慮對手的寶貴時間，需要講三十分鐘的，應當儘量縮短為十五分鐘，甚至十分鐘或五分鐘。因為所要求的時間嚴，所以猶太人不允許耽誤所約的時間而遲到。一進辦公室，第一句話寒暄，第二句話就是主題，立即進行「商談」——這是典型的猶太風格。

猶太人重視時間，它的另一層意義即是——抓緊一分一秒可以搶佔商機，爭取競爭的主動權。

惜時如金，是猶太人從商的智慧。

猶太人把時間視作金錢，按分按秒計算。當老板的，請員工做事，工薪是按時計算；會見客人，十分注意恪守時間，絕不拖延；客人來訪，必須預約，否則必吃閉門羹。猶太人對突然造訪的來客十分討厭。

在工作當中，猶太人將「馬上解決」奉為準則。做事拖沓，就是浪費時間。在卓越的猶太商人的辦公桌上，你永遠看不到「未處理」的文件。他們總是抓緊時間，及時批閱。積壓文件就意味著不能最快地了解到這些文件所傳達的信息。這些信息可能是有關商品的交易，也可能是合作夥伴的意向書、部下的請示，當中蘊藏著賺錢的機會，包含關鍵的決策、工作的效率。為此，猶太人會專門利用上班後大約一小時的時間處理文件。這段時間叫作 dictate，即專事文件處理的時間，用於處理昨日下班和今天上班這段時間內接收到的商業函件。

這段時間絕不允許外人打擾，免得分散精力，影響文件處理的質量和效率。這段時間若有人來訪，不管為何而來，均拒絕晤見。他們會禮貌地說：「對不起！現在是專門處理文件的時間，請你待會兒再來！」

時間是任何一宗交易必不可少的條件，達到經營目的的前提。與某人簽訂合同時，要充分估計自己的交貨能力，是否能按客戶方要求的質量、數量和交貨期去履行合約。可以辦到，就簽約；辦不到，就不可簽約。

時間的價值還表現在趕季節和搶在競爭對手前、獲取好價格和佔領市場方面。在競爭激烈的市場，誰能一馬當先，以質優款新的產品問世，就必能獲得較好的經濟效益。如電子錶，剛上市時每塊售價幾十美元乃至幾百美元。曾幾何時，許多競爭者推出同類產品，其價值便一落千丈，每塊售價只有十幾美元。又如日常的必需品蔬菜，在非季節時售價數倍高於盛產季節。這明顯是「時間」表現出的價值。

時間的價值就表現在生意的全過程。一家企業經營效益的高低，與其費用水平的高低息息相關。根據眾多企業的核算，經營費用中有70％左右是花費在佔用資金的利息上。比如一年的營業額為十億元，其資金周轉率為兩次，該企業每年佔用的資金為五億元。按通常的銀行利息為12％（年息）計算，一年共支付利息達六千萬元。如果企業能把握一切時間並進行有效管理，使資金周轉達到一年四次，其支付的利息就可節省三千萬元。換句話說，企業就可多盈利三千萬元了。

將時間看得如此重，如此珍惜時間，這或許只是猶太人對待時間的一般態度，並無特別之處。但相對於世界各地的商人，其優點就顯現出來了。猶太人對待時間的非同尋常之處就在於當時間直接與金錢掛鉤或直接造就財富的時候。

猶太商人在收取租金或貨款時，是越早越好；在付給別人貨款時，則大做文章，儘量推遲合約上的交款期限。

猶太鑽石富商巴納特就是一個對時間大有領悟，堪稱利用時間差，「空手套白狼」的高手。

巴納特的贏利呈周期性變化，每星期六是他獲利最多的日子。因為這一天銀行較早停止營業，他可以盡興地用支票購買鑽石，然後在星期一銀行重新開門之前將鑽石售出，以所得的款項去付貨款。

他趁銀行停止營業的一天多時間，「暫緩付款」，自己的空頭支票不致被打回來，只要他有能力在每個星期一早上在自己的賬號中匯入足夠兌付他星期六所開出的所有支票的現金，他就不算開「空頭支票」。他的這種拖延付款，純粹利用了市場運行的時間表，沒有侵犯任何人的合法權利。

巴納特對時間的精打細算如此別出心裁，甚至讓其他猶太人也大感驚奇。然而，同現代金融市場上那些翻雲覆雨的猶太金融高手相比，他的手段也只是「小巫見大巫」——比如索羅斯、彼得·林奇、巴菲特等等。

12 存入銀行的錢是死錢

「拉比！請舉例說明猶太民族五千年智慧的『塔木德』究竟是什麼？」

「舉個例子，兩個男人掉進煙囪，一個弄得全身黑漆，另一個卻一塵不染，這時會去清洗的人，是哪一個？」

「當然是弄得黑漆漆的那一個！」

「你錯了，弄髒的那一個人看到對方乾乾淨淨，會以為自己也沒有弄髒而不去洗；可是乾乾淨淨的那一個人看到對方骯髒黑漆漆的模樣，卻以為自己也是黑漆漆地而去清洗了。再問一個問題，這兩個人若再掉進煙囪，那會洗的是哪一個呢？」

「沒有弄髒的那一個！」

「你錯了，前次經驗已經教訓他倆。沒有弄髒的那一個人不會去洗，弄髒的那一個人才會去洗，這才是正確的答案。若是兩人是第三次掉進煙囪裡，那麼會去洗的是哪一個人？」

「弄髒的那一個！」

「你又錯了，你為什麼不想想兩個人掉進同一個煙囪，以及一個弄髒、一個乾淨……這種事根本不可能發生啊！告訴你，這就是『塔木德』的智慧！」

現金主義的民族

金錢在市場上流通時，其魅力無窮，其威力巨大；可是錢一旦放在保險箱之後，也就只是成為躺下來的一堆紙了。

一位猶太人在病重臨死之際，把所有的親戚朋友都叫到床前，對他們囑托後事。他說：

「請把我的財產全部換成現金，用這些錢去買一張最高檔的毛毯和床，然後把餘下的錢放在我的枕頭底下。等我死了，再把這些錢放進我的墳墓，我要帶著這些錢到那個世界去。」

親友們聽從他的安排，買來了毛毯和床。這位富翁躺在豪華的床上，蓋著柔和的毛毯，凝視著枕邊的金錢，安詳地閉上了雙眼。

遵照他的遺囑，富翁留下的那筆現金和他的遺體一起，被放進了棺材。這時，他的一位朋友趕來與他做最後的告別。這位朋友一聽說死者的財產都換成了現金，並按照其遺囑，放入了棺材，便立即從自己衣服的口袋裡掏出支票本，飛快地簽上金額，撕下支票，放入棺材，繼而從棺材中取出所有現金，並輕輕地拍拍死者的、肩膀，說道：

「金額與現金相同，你會滿意的。」

這則故事對猶太人的刻劃明顯地漫畫化了，但也不能說十分刻薄。因為被諷刺者可能只感覺到略微有些酸澀，而酸澀感本就是每幅成功的漫畫必然具有的效應。

猶太人在商場上，貫徹了徹底的「現金主義」。

他們認為，惟有現金才能安全保障他們的生活及生存，現金可以對付意想不到的天災人禍。

猶太人寧可抱著現金睡覺

錢存到銀行應當更保險些，為什麼猶太人偏偏認準現金？這有歷史上的原因。歷史上，猶太民族備受驅逐和掠奪，他們隨時可能被殺、被砍、被沒收財產。在這樣的生存環境下，銀行對他們而言，根本無「保險」可言。他們找到的最安全的辦法就是手中緊緊握住現金。人可以被驅趕，但錢要儘量一同帶走。

猶太人之所以不相信銀行存款，還有另外幾個理由：

銀行存款，確實可以獲得一點利息，但物價在存款生息期間若不斷上漲，隨之，貨幣價值就會下降，將使存款大大貶值。

更重要的是，猶太人認為，存到銀行的錢是死錢，不論怎樣龐大的財產，傳了幾代以後，都會變成零。

另外，猶太人計算過，如果將巨款存到銀行，存款人死亡時，必須向國家繳納一筆遺產稅，而這筆稅往往高於存款利息，所以存款取息根本不合算。

基於此，猶太商人的口頭語常是：

「那個人今天究竟帶了多少現款？」

「今天那家公司換成現款，究竟值多少？」

在今天，國際商人大多利用支票、賬戶而非用現金做生意了。猶太人也已走出了自己的民族傳統，但他們仍然認為：「存款求利划不來。」

不過，這已獲得了新的含義，那就是儘量不要存錢，而要讓錢一直處於流動狀態，錢生錢，錢賺錢，像滾雪球一樣越滾越大——這才算充分利用了錢。

13 借力使力大賺特賺

「拉比每天晚上都要和上帝交談，所以我們必須尊敬他們。」

「你怎麼知道拉比會和上帝交談呢？」

「是拉比對我說的呀！」

「那是拉比騙人的啦！」

「老兄你可千萬別那麼說，難道上帝會和撒謊的人交談嗎？」

不管是一個國家經濟的發展還是個人發跡的過程，都有一個叫作「資本原始積累」的階段。那些富有的豪門或旺族，後輩自然可以接過父輩打下的江山繼續前進。但是，窮人想發家致富，光起步時的本錢就是個難題。按照一般思路，可以去借。但一個毫無家底的窮光蛋，誰會借錢給他？

銀行有嚴密的信用級別制度，對一個窮人而言，其資信等級肯定達不到銀行的要求，想從銀行借錢，簡直比登天還難。猶太人身處異地他鄉，遭人歧視，受人排擠，他們無權無勢，想出人頭地，在常人看來，簡直是妄想。然而，許多猶太人以其超凡的機智，加上其勤勉、忍耐的性格，卻完成了「資本的原始積累」階段，並且最終成了富翁。猶太大亨洛維格就是利用一種超乎尋常的方式，巧妙利用別人的錢發家致富，最終成了億萬富翁。

巧妙利用別人的錢發家致富

二十世紀中期世界船王歐納西斯同洛維格相比，可謂「小巫見大巫」。當年美國船王丹尼爾・洛維格擁有當時世界上噸位最大的六艘油輪。另外，他還兼營旅遊、房地產和自然資源開發等行業。

洛維格第一次做的生意就是一隻船，他向父親借了50美元。把一艘別人擱置很久，沉入海底，長約26呎的柴油機動船很費勁地打撈出來，然後用了四個月時間修好，再承包出去，從中獲利50美元。這筆生意，是因父親借錢給他，才得以成功。他由此明白了借貸對於一貧如洗的人創業的重要性。

可是，青年時期，他在企業界碰來碰去，總是債務纏身，屢屢面臨破產的危機。他始終沒有跳出平常的思維。就在行將進入而立之年時，靈感爆發了。

他先後找了幾家紐約的銀行，試圖透過貸款，買一條一般規格的舊貨輪。他準備動手把它改造成能賺錢的油輪。但他連連遭到拒絕，理由是他沒有可資擔保的東西。「山重水複疑無路，柳暗花明又一村。」他想出一個不合常規的計畫。

他將一艘還能航行的老油輪以低廉的價格包租給一家石油公司。然後他去找銀行經理，說是他有一艘包租給石油公司的油輪，租金可每月由石油公司直接撥入銀行，抵付貸款本息。經過幾番周折，紐約大通銀行終於答應他的貸款要求。

這就是洛維格奇異而超常的思維。儘管他並無擔保物，但包租他的油輪的石油公司有很好的效益，潛力很大，除非天災人禍，石油公司的租金一定會按時入賬。而且，他的計算非常周密，石油公司的租金剛好可以抵償他銀行貸款的本息。

他的這種巧妙的「空手道」手法看似荒誕，實際上這也正是他成功的開端。

他拿到了貸款，就去買下他想買的貨輪，然後動手將貨輪改裝，使之成為一艘航運能力強的油輪。他又以同樣的方式，把油輪包租出去，然後以包租金抵押，再貸到一筆款，又去買船，再去……

就這樣，像神話一樣，他的船越來越多。他每還清一筆貸款，一艘油輪便歸入他的名下。在貸款還清之後，那些包租船全部歸他所有。

洛維格的成功，最關鍵的地方在於他找到一種巧借別人的「勢」壯大自己的妙策。一方面，他將船租給石油公司，這樣他就有了與這家石油公司開展業務往來的背景。有這樣一家石油公司襯托他，租金可直接抵付利息，銀行當然樂意將錢貸給他了。另一方面，他用從銀行借來的錢再去買更好的貨輪，再租給石油公司，然後又貸款，巧妙地利用借來的錢壯大了自己的「勢」。如此往復，借的錢越多，租出去的船也就越多，其「勢」就越壯大，可以貸到更多的錢……這樣，像滾雪球一樣，他當然就發財了。

由此觀之，猶太人不但精於利用別人的錢，更精於借別人的力量來壯大自己或是為自己服務。

好風憑借力，送我上青天

猶太人不論在商界、政界還是科技界，都善借別人之「勢」，巧借別人之「智」。如美國前國務卿季辛吉，且不說他在外交工作上的手腕，就說他處理白宮內部的事務，就是一位典型的巧於借用別人之力量和智慧的能手。

他有一個慣例：凡是下級呈報上來的工作方案，他先不看，壓它幾天，然後把提出方案的人叫來，問道：「這是你最成熟的方案嗎？」對方思考一下，一般不敢肯定，只好答說：「也許還有不足之處。」於是，季辛吉順勢叫他拿回去再修改得完善些。過了一段時間，提案者再次送來修改過的方案。此時，季辛吉看了一遍，然後問道：「這是你最好的方案嗎？還有沒有更好的辦法？」提案者只好再把方案拿回去研究。

他就這樣反覆地讓下屬深入思考，用盡最佳的智慧，達到他所需要的目的。這不愧是一手高招，也反映出猶太人會比別人有所成就的訣竅。

猶太人密歇爾．福里布爾經營的大陸穀物公司能夠從一家小食品店發展成世界最大的穀物交易跨國企業，主要因其先進的通訊科技和善於借助大批懂技術、懂經營的高級人才。他不惜成本，不斷採用世界最先進的通訊設備，並付出極高的報酬，聘請具有真才實學的經營管理人才到公司工作，使其公司信息靈通，操作技巧精通，競爭能力總是勝人一籌。他雖然付出了很大的代價，但借助這些力量和智慧，他賺回的錢遠比他支出的多得多，可謂「吃小虧，佔大便宜」。

洛克菲勒的公司蒸蒸日上。但他畢竟是白手起家，財力有限，在和一些對手競爭時，處於劣勢，因而他夢想壟斷煉油和銷售的計畫只能暫時擱在一邊。

經過調查和慎重分析，他觀察到：「原料產地的石油公司在需要用鐵路的時候就用，不需要的時候就置之不理，反覆無常，使得鐵路經常無生意可做，鐵路的運費收入也就非常不穩定。這樣，一旦我們與鐵路公司訂下一個保證日運油量的合約，對鐵路當局必是如荒漠甘泉，在為我們運輸時必定會大打折扣。這打折扣的祕密只有我們和鐵路公司知道，別家公司在這場運價競爭中就必敗無疑，壟斷石油產業也就指日可待。」

此後，洛克菲勒在兩大鐵路巨頭顧爾德和凡德畢爾特之間經過權衡，選擇了貪得無厭的鐵路霸主凡德畢爾特作為談判的對象。最後雙方達成協議：洛克菲勒每天保證運輸60車皮的石油，但鐵路當局必須讓出20%的折扣。

這樣，他不僅挫敗了鐵路的壟斷權，而且大大減少了石油運輸的成本，繼而，他能以低廉的石油價格贏得廣闊的市場，大大增加了競爭實力，使他又向控制世界石油市場的宏偉目標邁進了一大步。

人類自從走上文明之路，便一直在尋求借勢借力的辦法。槓桿原理便是人類

「借」力的一種發明。其後又發現了滑車原理。隨著時代的前進，人們知道把大小不同的滑車加以組合，就可以用更小的力量舉起更重的物體。今天，只要一個人坐在起重機的座墊上，就可以操控幾十萬斤的鋼架、貨櫃。人類依靠頭腦的作用，使自己的力量發揮出最大的限度。

在人類一切活動中，任何一項成功的事業，都運用了滑車的原理，借助別的力量，使自己的能力發揮出最大的效果。大企業家有一個共同的特長，那就是擁有識人的眼光，能夠抓住別人的優點，把每一個員工的位置都分配得十分恰當，使每個員工的力量和智慧能夠淋漓盡致地發揮出來。

美國鋼鐵大王卡耐基曾預先寫下這樣的墓誌銘：

「睡在這裡的是一位善於訪求比他更聰明者的人。」

的確，卡耐基能夠從一個鐵道工人變成一個鋼鐵大王，就植根於他能夠發掘許多優秀人才為他工作，使他的工作效力增殖了成千上萬倍。

總而言之，猶太人懂得，任何事業都不可能一步登天，但「登天」的辦法多種多樣，辦法得當，即可快捷省力。巧於「惜力」，精於「借勢」，是猶太人成功的一大訣竅。

Lesson 03

猶太財經界名人

有4種尺度可以測量人，那便是金錢、酒、女人以及時間的態度。這4種東西有其共通之處，它們都有吸引人的地方，但不可以沒迷。

1 股神巴菲特的傳奇

有一個猶太人正在祈禱。

「噢！神啊！請您讓我的彩券中獎，那麼我一定分一半給貧困的人們！」

儘管如此，他的彩券每一次還是都落空。

於是，他就改前往基督教會奉獻一支蠟燭，並祈禱彩券若中獎就把獎金的一半捐給教會。

結果，神顯靈了，他竟然中了大獎。

猶太人非常高興地說：

「基督教的神確實靈驗，不過猶太教的神卻賢明多了，因為祂知道我是在撒謊，中獎也絕對不會把錢捐出來！」

二十世紀三十年代伊始，席捲資本主義社會的世界性經濟危機爆發了，華爾街在這場金融風暴橫掃下蕭條冷清。但災難中也有福音，一九三〇年8月30日，在美國中部內布拉斯加州的奧瑪哈鎮，一位名叫霍華德的股票經紀人、共和黨國會議員家中誕生了本世紀一位偉大的投資天才，猶太商人的成功典範沃倫・巴菲特。

對於取得輝煌成就的成功人士來說，他們的天才往往可以追溯到孩提時代。那是他們童蒙初開的早慧歲月，甚至是人生座標就此定位的初始時期。沃倫・巴菲特與股票結緣，也許從牙牙學語時就開始了。

巴菲特的故事

就投資股票來說，沃倫・巴菲特顯然具有先天地承繼其父之專業的優越條件。霍華德是一位股票經紀人，家中關於股票的藏書甚豐。這使小巴菲特從小就感受到股票投資的氛圍。他對於數字的特殊興趣和悟性，與此顯然不無關係。八歲時，他便閱讀這些書籍，並且十分著迷。巴菲特的祖父及父親的青年時代都經營雜貨店，而巴菲特小小年齡就在祖父的店中幫忙，耳濡目染的「生意經」，使商品意識深深地浸染了他。他從中懂得了「低進高出，賺取差價」這一商品流通的鐵律。

從八歲開始，巴菲特就開始學著做生意了。他從家中的雜貨鋪裡買來可口可樂，然後加價五美分，賣給他的小伙伴。一年多間，他已成為當地孩子中頗有名氣的「小老板」。十一歲時，他到父親擔任經紀人的哈里斯·厄普漢姆公司做股價板的記錄。這使他對低進高出有了更深一層的理解，他的興趣也由小生意轉向了股票。

十三歲時，巴菲特跟隨當了國會議員的父親遷居華盛頓。雖然家中生活優裕，但他這時已由做小生意轉而對自創事業感興趣。他先是替《華盛頓郵報》、《時代前鋒報》送報。有意思的是，他後來成了《華盛頓郵報》的大股東，以致有人懷疑，是不是少年時代送報伊始，就為他以後入主《華盛頓郵報》埋下伏筆。

也是在這時，他用自己做生意的積蓄，開始他的第一次實業投資。他花了五十美元購買兩台半新的彈子機，借一家理髮廳的空地擺放做生意，，後來又陸續購進五台。一共七台的彈子機，每月可以為他掙得二百美元的收入。嘗到了投資的甜頭，他又與中學的一位朋友合夥，花了三五〇美元，購買一輛舊的勞斯萊車子，然後以每日三十五美元的租金出租。這使他在十六歲中學畢業時，已賺得了六千美元。

隨著年齡的增長和知識的增加，巴菲特的投資實踐一步步向前推進。儘管他還稚嫩，但投資天才的潛質已經顯現，因為到他積聚第一筆六千美元資金時，他還僅十六歲，一個在人們眼中還不諳世事的中學畢業生罷了。少年巴菲特度過了平靜、溫和與相對舒適、優裕的少年時代。

如果說，一個人一生性格養成的初始階段，帶著他兒童到少年時代的家庭與社會的深深烙印，那麼，巴菲特被人們公認的良好性格——溫和與仁慈，無疑與他奧瑪哈故鄉那溫暖、幸福、和睦的家庭環境有關。小巴菲特從啟蒙時代就接受的商品流通中「低進高出，賺取差價」的法則，他從兒時到少年時代，便不斷從實踐中得到證明，這對他的經商意識和堅韌不拔的投資風格之形成，必然具有深遠的影響。

十七歲，巴菲特進入內布拉斯加州大學學習企業管理。應該說，這門專業是他真心的選擇，因而他學習的興趣也十分強烈，將業餘時間差不多全投入書海之中。一個偶然的機會，他讀到了班傑明・格雷厄姆的「《聰明的投資人》」一書，使他大喜過望。據說，就是這本書深刻地影響了他的思想。

從此，拜師於班傑明・格雷厄姆門下成了青年巴菲特的最大願望。所以一接過內布拉斯加州立大學的學士文憑，他便隻身遠赴紐約，進入格雷厄姆任教的哥倫比亞大學商學院，直接從師從於格雷厄姆教授。對自己的這個選擇，巴菲特一直引以為自豪。

六十七歲那年，即一九九八年五月，他與比爾·蓋茲應邀，在華盛頓大學商學院學生之前對話，做了這樣一段論述：

「成功就是獲得你想得到的東西，而幸福就是追求你想得到的東西。雖然我不知道幸福具體指什麼，但我絕不會去做任何不愉快的事。當你們走出校門，我建議你們去為你們敬仰的人做事。這樣，你們將來就會像他們一樣。」

這段話無疑是巴菲特自己切身體會的經驗之總結，因為他大學畢業後的第一個選擇就是求師問道，在他敬仰的格雷厄姆諄諄教導下步入股壇。

班傑明·格雷厄姆投資理論的精髓，強調的是了解一家企業實質投資之價值的重要性，並相信能通過數學方式，正確地計算出這種價值。這個理論，對巴菲特投資思想的形成很重要。同時，由於格雷厄姆當時還兼任政府公務員保險公司的主席，使巴菲特有機會了解和熟悉保險業務，並將自己積蓄的九千美元投資到保險公司的股份上，由此賺了一筆可觀的收入，這不但使他在具有紮實之知識的同時，還積累了對保險業務的投資經驗。

後來，巴菲特取得了哥倫比亞大學經濟學碩士的學位，回到故鄉奧瑪哈，進入一家公司工作。他爭分奪秒，全身心地閱讀各種金融書籍。之後，他又親身經歷了格雷厄姆關於「價值第一」這種理念的檢驗。他有意加盟格雷厄姆—紐曼公司，並只要求擔任「無給職」的工作。即便如此，格雷厄姆還認為他是「價值高估」而加以拒絕。可是，經他不斷請求之後，終於如願以償了，跟恩師一起進行投資操作的實踐。班傑明・格雷厄姆投資風格的精華在於不輕易說「不」。這是一種充滿智慧的理性投資法。這一點深深影響並吸引著年輕的巴菲特。

巴菲特自己曾說，他有兩位精神上的父親——除了班傑明・格雷厄姆之外，另一位是菲力浦・費雪。巴菲特說，他的投資生涯中，85％像格雷厄姆，15％像費雪。第一次讀到費雪大師關於其投資理念的力作《普通股和普通利潤》一書時，他像碰到磁石般，被深深地吸引住了。為此，他又開始尋訪費雪，要求拜費雪為師。

菲力浦・費雪很高興地接納了這位學生，並諄諄地加以教導，特別是他嘔心瀝血研究出的股市投資最新而可行的方法學，使巴菲特能夠更準確地判斷出長期投資的方略。格雷厄姆的研究領域以分析公司資料和年報見長，但很少關心企業的類型及特質。後者恰恰是費雪新的方法學所關注的重點。儘管格雷厄姆與費雪的理論有時甚至是對立的，但他們的精華之處通通為巴菲特所吸收，並溶入他自己的投資實踐之中，創造出具有自身投資藝術之特色的奇葩。

巴菲特確是幸運的。但如果他本人不夠勤奮、努力，最好的求學環境也起不了作用。因此，從他的奮鬥史，我們主要看到了他聰穎的悟性和渴求知識的執著。他幾度為了獲得新的知識而尋訪名師，使他順利平坦的求學之路平添了亮色，也使他矢志追求的投資知識更顯紮實和完滿。這得益於他的不自滿自足，並不斷調整自己覓取知識的視野。這正是他顯著地超越同時代之人的非凡之處。如果說曾經有不少教育家、預言家對處於平凡生活中的人難以成才的判斷有不全面之處，巴菲特就是一個例證。

巴菲特在順利平坦的大道上成長，但他胸懷大志，有超越平凡的強烈求知欲，做出了主動尋師問道的不凡之舉。除了這種強烈的內驅力和遠大的奮鬥目標，並兼備對知識的高度領悟力，並努力付諸實踐，不斷加以完善，這就是青年巴菲特在其看似平凡的道路上，朝著未來投資大師之巔攀登的起步階段留給世人的啟示。

2 大銀行家摩根

約翰・P・摩根（一八三七～一九一三年）從少年時代開始，即遊遍北美洲西北部和歐洲，其後在德國哥西根大學接受教育。大學畢業後，他到鄧肯商行任職。因他特有的素質與生活的磨練，他幹得相當出色。但他那過人的膽識與冒險的精神，經常害得鄧肯心驚肉跳。

一次，在從巴黎到紐約的商業旅行途中，一個陌生人敲開他的艙門：「聽說，您是專搞商品批發的，是嗎？」

「有何貴幹？」摩根感覺到來人焦急的心情。

「啊！先生，我有事相求。我有一船咖啡需要立刻處理。這些咖啡原屬一個咖啡商，現在他破產了，無法償付我的運費，便以這船咖啡作抵押。可我不懂這方面的業務。您是否可以買下這船咖啡。很便宜，只要別人價格的一半。」

「很急嗎？」摩根盯住來人。

「是很急。否則，這些咖啡不會那麼便宜。」

說著，來人拿出咖啡的樣品。

「我買下了。」摩根瞥了一眼樣品，立刻答道。

「摩根先生，您太年輕了！誰能保證這船咖啡的質量都與樣品一樣呢？」同伴見他輕率地買下整船還未親眼見到的咖啡，在一旁提醒道。

這位同伴的提醒確有道理。當時，經濟市場混亂，坑蒙拐騙之事屢見不鮮。光是買賣咖啡方面，鄧肯公司就有好幾次遭到了暗算。

「我不會上當的，手腳不快一些，這批咖啡肯定馬上會落入他人手中了。」

摩根相信自己的眼力：據他掌握的可靠資料，受氣候影響，咖啡豆主產區巴西將很可能經受霜凍的打擊。

但鄧肯一得知他的行動，不禁嚇出了一身冷汗：

「這混蛋！他是拿鄧肯公司的名字開玩笑嗎？」

「去，去！把交易給我退掉！損失你自己賠償！」一見到他，鄧肯立刻吼道。

於是，摩根與鄧肯決裂了。他決心一賭。他寫信給父親，請求父親助他一臂之力。在望子成龍的父親允許下，他還了鄧肯公司的咖啡款，並在那個請求他買下咖啡的人介紹下，又買下了許多船咖啡。

最終，他勝利了。在買下這批咖啡不久，巴西咖啡果然遭到霜災，大幅度減產，咖啡價格上漲了二、三倍。

與眾多白手起家的大財閥一樣，摩根財產的聚斂，首先也是從投機鑽營開始。一八六二年，美國南北戰爭爆發，林肯總統頒布了「第一號命令」，進行了全軍總動員，並下令陸海軍展開全面進擊。

摩根與一位華爾街投資經紀人的兒子克查姆，兩人商量出一個絕妙的計畫。

這一天，克查姆來訪，突然說道：「我父親在華盛頓打聽到，最近，北方軍隊傷亡慘重！」

摩根一聽，敏感的商業神經被觸動了：「如果有人大量買進黃金，匯到倫敦，會使金價狂漲的！」

克查姆聽了這話，對摩根不由得刮目相看。為什麼他自己沒有想到這一點！

兩人於是精心策劃起來——

「我們先祕密買下五百萬美元的黃金。一半匯往倫敦，另一半留下。只要把匯款的消息稍微洩露一下……到那時，我們就把留下來的那一半拋出去！」

「你這個主意跟我不謀而合。現在還有一個良機：北軍準備進攻查理斯敦港。如果現在黃金價格猛漲，這場軍事行動就會受到影響，使黃金上漲。」

「這回我們可要大賺一筆了！」

兩人立即行動起來。他們先祕密買下了四、五百萬美元的黃金。到手之後，將其中一半匯往倫敦，另一半留下。然後有意地將往倫敦匯黃金之事洩露出去。估計許多人都應該知道北方軍隊新近戰敗的消息了，金價必漲無疑，再把手裡的一半黃金以高價拋出。

果然，摩根與克查姆「祕密」向倫敦匯款的消息一流出，華爾街馬上呈現一片恐慌，黃金價格不斷上漲，倫敦金價也被帶動得節節上揚。當然，摩根、克查姆終於坐收大利。

對金錢的追求，使他們敢於藐視一切，包括國家、法律、民族利益。美國政府下令調查造成這次經濟恐慌的原因。調查結果這麼寫道：「導致這次經濟恐慌的根源是一次投機行為，由一個名叫摩根的青年人在背後操縱。」

此時，摩根又躊躇滿志地盤算著再一次的投機。

當時，由於北軍準備不足，前線的槍支彈藥十分缺乏。

「到哪兒才能弄到武器呢？」

摩根在寬大的辦公室內邊踱步邊沉思。

「聽說華盛頓陸軍部的槍械庫內有一批報廢的老式霍爾步槍。怎麼樣，買下來嗎？大約五千支。」克查姆這一次又為摩根提供生財的消息。

「當然買！」

這是天賜良機。五千支步槍！對北軍來說，是多麼誘人的數字！其後，槍被山區義勇軍司令弗萊蒙特少將買走了，一筆巨款也匯到摩根的賬下。

「這是比南軍更可怕的武器。」由於錯買了這批廢槍，而以瀆職罪被免去司令職務的弗萊蒙特少將發出這樣的感嘆。

聯邦政府為了穩定開始惡化的經濟並進一步購買武器，必須發行4億美元的國債。在當時，數額這麼大的國債，一般只有倫敦金融市場才能消化掉。但在南北戰爭中，英國支持南方。這樣，這4億元國債便很難在倫敦消化了。如果不能發行這4億元債券，美國經濟就會再一次惡化，不利於北方對南方的軍事行動。

政府代表問及摩根，是否有辦法解決。

摩根很有自信地回答：「有辦法。」

摩根巧妙地與新聞界合作，宣傳美國經濟和戰爭未來的變化，並到各州演講，鼓動人民起來支持政府，購買國債。結果4億美元債券奇蹟般地消化了。國債銷售一空時，摩根也名正言順地從政府手中拿到了一大筆酬金。

事情到這裡還沒有完。輿論界對摩根開始大肆吹捧，使他變成美國的英雄。白宮也向他敞開了大門，摩根現在可以以全勝者姿態出現了。

一八七一年，普法戰爭以法國的失敗告終。法國因此陷入一片混亂。給德國30億法朗的賠款、恢復崩潰的經濟，這一切都需要巨額的資金融通。法國政府要維持下去，就必須發行2.5億法期的巨債。

摩根在與法國密使談判之後，決定承攬推銷這批國債的重任。那麼，如何辦好這件事呢？

能不能把華爾街所有大銀行聯合起來，組成一個規模宏大，資財雄厚的國債承購組織——「辛迪加」。這樣就把需要一個金融機構承擔的風險分攤到眾多金融組織頭上，這五千萬美元，無論數額或所冒的風險，都可以被消化。

當他把這種想法告訴克查姆時。

克查姆聽了，大吃一驚：「我的上帝！你不是要對華爾街的遊戲規則與傳統進行挑戰吧？」

克查姆說的一點也不錯，摩根的這套想法會從根本上動搖了華爾街的傳統，也背離了當時倫敦金融中心和世界上所有交易所、投資銀行的傳統。

當時流行的規則是：誰有機會，誰獨吞；自己吞不下的，也不讓別人染指。各金融機構之間，信息阻隔，相互猜忌，互相敵視。即使迫於形勢聯合起來，為了使自己獲利最大，這種聯合也總是說變就變。各家投資商都是見錢眼開，為一己私利，不擇手段，不顧信譽，爾虞我詐。當時人稱這種經營叫「海盜式經營」。

摩根的想法正是針對這一弊端。各家金融機構聯合起來，成為一個信息相互溝通、協調的穩定整體。對內，經營利益均霑；對外，以強大的財力為後盾，建立可靠的信譽。

他憑著過人的膽略和遠見卓識看到：一場暴風雨的確不可避免，但事情不會像克查姆想像的那麼糟，機會必會來到。

如摩根所預料的，消息一傳出，立刻如同在平靜的水面投下一顆重磅炸彈，引起一陣軒然大波。

「他太膽大包天了！」

「金融界的瘋子！」

摩根並沒有為這陣勢嚇倒，反而越來越鎮定。在他周圍，反對派與擁護者開始聚集，他們之間爭得面紅耳赤。他卻緘口不言，靜待機會成熟。

《倫敦經濟報》猛烈抨擊道：

「法國政府的國家公債由匹保提的接班人——發跡於美國的投資家承購。為了消化這些國債，他想出了所謂聯合募購的方法。承購者聲稱，此種方式能將以往集中於某家大投資者個人的風險，透過參與聯合募購的多數投資金融家而分散給一般大眾。乍看之下，危險性似乎因分散而減低。但若一旦發生經濟恐慌，其引起的不良反應必將猶如排山倒海般快速擴張，反而增加投資的危險性。」

而摩根的擁護者則大聲呼籲：

「舊的金融規則只能助長經濟投機，非常有害於國民經濟的發展。我們需要信譽。投資業是靠光明正大獲取利潤，而不是靠坑蒙拐騙。」

隨著爭論的逐步加深，華爾街的投資業也開始受到影響，每個人都感到華爾街前途未卜，不敢輕舉妄動。

輿論真是一個奇妙的東西，每個人都會在它的腳下動搖。軟弱者在輿論面前，會對自己產生疑問。強者則可以成為輿論的主人。在人人都感到華爾街前途未卜之際，投資者開始退卻：

「現在華爾街需要的是安靜，無論什麼規則。」

這時，他們把平息這場爭論的希望寄託於摩根。

摩根的戰略思維，敏銳的洞察力、決斷力，都超乎尋常。他在山雨欲來風滿樓的情形下，表現得泰然自若，最終取得了勝利。這一切都表明，他的勝利是一個強者的勝利，而不僅僅是利用輿論的勝利。

摩根這位開創華爾街新紀元的金融巨子，一生都在追求金錢中度過，所賺的錢不下百億，但他死後，遺產只有一千七百萬美元。

他依靠投機起家，卻對投機深惡痛絕，因此針對華爾街的這一弊端加以改造，創造了符合時代精神的經營管理體制。他為聚斂財富而不擇手段，卻特別敬重並提拔待人忠誠的人。

摩根在他將度過七十六歲生日時逝去，而他成功的經營戰略至今仍影響著華爾街的財經人士。

3 羅斯柴爾德、巴魯克大師

尼桑．羅斯柴爾德

尼桑．羅斯柴爾德是金融界猶太巨富羅斯柴爾德家族中的三兒子，曾做過各種土產品生意，也投資股票。在買賣過程中，他喜歡靠在一根柱子上。有人因此稱他羅斯柴爾德之柱。其臉色的變化，是周圍股民交易的晴雨表。

一八一五年6月20日是個特殊的日子，人們更加關注尼桑的臉色和行動。前一天，發生了一件足以引起全球關注的大事——英、法兩國交戰於滑鐵盧。這一仗將決定兩國的命運，從而也會影響到兩國股票價格的漲跌。

英國若獲勝，英國公債將暴漲；

法國拿破崙勝利的話，英國公債必定大跳水。

所有股票生意人此刻全騎在老虎背上，上下為難。

他們只能等待消息。誰的消息靈通，就可以搶先動手，或買或賣，大獲其利。戰爭發生在比利時首都布魯塞爾南部，距英國倫敦非常遠。當時既沒有無線電，也沒有飛機和火車，只有靠水路的汽船。所有信息只能透過快馬傳遞和汽船運送。人們只能等待官方發布消息。

正在大眾等待得焦急萬分的時候，倚柱而立的尼桑開始脫手英國公債。消息迅速傳遍股票市場。

英國人吃了敗仗，快賣英國股票！

大眾蜂擁跟進，造成恐慌性大拋盤，英國公債頓時暴跌。

尼桑仍不動聲色地繼續拋出。

直到英國公債跌入谷底，他突然悄悄返身大量購進。

跟進的人全部傻眼，不知發生了什麼事。他們互相問詢、談論、商量。但等他們從睡夢中醒來，尼桑已吃飽喝足了。

正在此時，傳來了英軍大獲全勝的捷報。英國公債價格像火箭一樣直線上漲！

尼桑・羅斯柴爾德幾小時之內獲利幾百萬英鎊，簡直成了會變錢的大魔術師。

其實他並不是在冒險，一切都在他掌握之中。他並不依靠英國官方的傳報，他比英國官方更早獲得戰爭勝負的信息。

羅斯柴爾德家族的老五早在歐洲建立了龐大的情報網，專門用來搜集商業和政軍情報，內部情報頻繁交換。羅斯柴爾德家族總是比別人先一步知道許多事情，滑鐵盧之戰這麼重大的事當然不能例外。

商戰之中，信息的重要自不必言。尼桑的高超技藝就在獲得信息之後的幾小時內大施拳腳。一般人聽到消息，肯定是大量套購。那麼別人也就跟進，大家互不折本。尼桑卻能做到欲擒故縱，舞動信息的魔棒，巧打時間差，從而點石成金。

巴魯克大師

美國著名的猶太實業家，且被譽為政治家和哲人的伯納德．巴魯克（一八七〇～一九六五年）三十歲之前已經由經營實業而成為百萬富翁。一九一六年，他被威爾遜總統任命為「國防委員會」顧問，「原材料、礦物和金屬管理委員會」主席。其後又擔任「軍火工業委員會」主席。

一九四六年，他擔任美國駐聯合國原子能委員會代表，曾提出一個著名的計畫——「巴魯克計畫」，呼籲建立一個國際權威機構，以控制原子能的使用和檢查所有原子能設施。無論生前死後，他都受到普遍的尊重。

創業伊始，巴魯克就以猶太人所特別具有的那種對信息的敏感神經，一夜之間，發了大財。

二十八歲那年，7月3日晚上，他正和父母一起待在家裡。忽然，廣播裡傳來消息：西班牙艦隊在聖地牙哥被美國海軍消滅。這意味著美西戰爭即將結束。

這天正好是星期天，第二天是星期一。按照常例，美國的證券交易所在星期一關門，倫敦的交易所則照常營業。巴魯克立刻意識到，如果他能在黎明前趕到自己的辦公室，就能發一筆大財。

當時是一八九八年，小汽車尚未問世，火車在夜間又停止運行。在這種旁人束手無策的情況下，巴魯克卻急中生智，想出一個絕妙的主意：他趕到火車站，租了一列專車。星光下，火車風馳電掣而去。

終於，他在黎明前趕到自己的辦公室，趁著其他投資者尚未「醒」來之前，做成了幾筆大交易。

巴魯克同羅斯柴爾德不一樣，他利用的並不是「獨家消息」，而是公開的新聞。所以，同其他投資者相比，他在獲得信息的時間上並未佔先，但他能從新聞中解析出對自己有用的信息，據此做出決策。他後來不無得意地回憶自己多次使用類似的手法都大獲成功，將這種金融技巧的創造權歸諸羅斯柴爾德家族。顯然，在對信息的「理性算計」中，他可說是青出於藍而勝於藍。

正因為猶太商人重視信息的收集和利用，反過來，他們必然會小心翼翼地保護自己的信息不被對手獲取。

4 哈默、洛克菲勒的王國

哈默的傳奇

哈默和洛克菲勒是猶太冒險家的傑出代表。

哈默最大的一次冒險在利比亞。無論是他本人，還是西方石油公司的三萬名職員和三十五名股東，一提起此事，都會驚嘆不已。對像西方石油公司那樣的一家企業，從來沒有碰到過近似於在利比亞發生的事。這類事甚至可說是百年不遇。

義大利佔領期間，墨索里尼為了尋找石油，在利比亞大概花了一千萬美元，結果一無所獲。埃索石油公司在花費了幾百萬收效不大的費用之後，正準備撤退，卻在最後一口井裡打出油來。殼牌石油公司大約花了五千萬美元，打出來的井都沒有商業價值。西方石油公司未到利比亞之前，正值利比亞政府準備進行第二輪出讓礦地的談判，出租地區大部分是原先一些大公司放棄的地域。

根據利比亞的法律，石油公司應盡快開發他們的租地。如開採不到石油，就必須把一部分租地還給利比亞政府。第二輪談判中包括若干口「乾井」，但也有許多塊與產油區相鄰的沙漠地。來自九個國家的40多家公司參加了這次投標。

哈默雖充滿信心，但前途未卜，儘管他和利比亞國王私人關係良好。因為，他不僅這方面經驗不足，而且同那些一舉手就可推倒山的石油界巨頭競爭，實力懸殊，真可謂小巫見大巫。但決定成敗的關鍵不僅僅取決於這些。

西方公司的股東都坐飛機趕了過來。哈默在四塊租地上投了標。他的投標方式不同一般，投標書用羊皮證件的形式，捲成一捲後，用代表利比亞國旗顏色的紅、綠、黑三色緞帶紮束。在投標書的正文中，他加了一條：他願意從尚未扣稅的毛利中拿出5%，供利比亞發展農業之用。此外，他允諾在國王和王后的誕生地庫夫拉附近的沙漠綠洲中尋找水源。另外，他還將進行一項可行性研究，一旦在利比亞開採出水源，他將同利比亞政府聯合興建一座製氨廠。

最後，哈默終於得到兩塊租地，使那些強大的對手大吃一驚。這兩塊租地都是其他公司耗了巨資後一無所獲放棄的。

這兩塊租地不久就成了哈默煩惱的源泉。他所鑽的頭三口井都是滴油不見的乾井，僅打井費一項就花了近三三〇萬美元，另外還有二百萬美元用於地震探測和賄賂利比亞政府官員。於是，股東會裡許多人開始把這雄心勃勃的計畫稱作「哈默的蠢事」。甚至連哈默的好朋友、公司的第二大股東里德也對他失去了信心。

但哈默的直覺促使他固執己見。在創業者和股東之間發生意見分歧的幾周，第一口油井出油了。此後，另外八口油井也出了油，而且是異乎尋常的高級原油。更重要的是，油田位於蘇伊士運河以西，運輸非常方便。與此同時，在另一塊租地上鑽出一口日產七〇三萬桶自動噴油的珊瑚油藏井。這是利比亞最大的一口井。接著，哈默又投資一．五億美元，修建了一條日輸油量一三〇萬桶的輸油管道，而當時西方石油公司的資產淨值只有四千八百萬美元，足見他的膽識與魄力。之後，他又大膽地吞併了好幾家大公司。

就這樣，西方公司一躍而成為世界石油行業的第八位。

哈默一系列冒險舉動的成功，完全歸功於他的膽識和魄力。他不愧是一個猶太大冒險家。另一位猶太人洛克菲勒的膽識和魄力也同樣讓世人驚嘆。

洛克菲勒的冒險

19 世紀 80 年代，在關於是否購買利馬油田的問題上，洛克菲勒和其他同事發生嚴重的分歧。利馬油田是當時新發現的油田，地處俄亥俄州西北與印第安那州東部交界的地帶。那裡的原油含硫量很高，反應生成的硫化氫發出一種雞蛋腐爛的怪味，人稱「酸油」。沒有煉油公司願意買這種低質量原油，除了洛克菲勒。

洛克菲勒在提出買下油田的建議時，公司執行委員會中的所有委員幾乎全數反對，包括他最信任的幾個得力助手。因為這種原油的質量太低了，雖然油量很大，但誰也不知道該用什麼方法進行提煉。但洛克菲勒堅信一定能找到煉去高硫的辦法。眼看勢成僵局，洛克菲勒開始進行「威脅」，宣稱自己將一個人冒險去「關心這一產品」，而且不惜一切代價。委員會在洛克菲勒的強硬態度下被迫讓步，標準石油公司以八百萬美元的低價買下利馬油田。這是公司第一次購買產油的油田。此後，洛克菲勒聘請一名猶太化學家，花了二十萬美元，前往油田研究去硫問題。實驗進行了兩年，仍然沒有成功。但在洛克菲勒堅持下，這項希望渺茫的工程仍未放棄。這真是一件天大的幸事。又過了幾年，那位猶太化學家終於成功了。這一豐功偉績，充分說明了洛克菲勒具有能夠穿透迷霧的遠見，以及比一般大亨更強的冒險精神。

5 向英國王室放債的亞倫

在猶太人的生意經中，有一招是——善於放債，從中獲取高利率，贏得豐厚的利潤。猶太人放債致富者甚多，亞倫就是其中之一。亞倫（Aaronof Lincoln）出生於一一二三年，是一位正統的猶太人。少年時期，他在法國生活、讀書。青年時移居英國，然後在英國開展他的放債業務。

亞倫剛移居到英國時，沒有多少本錢。他靠打工積蓄了一點錢，然後自己獨立，做些小生意。由於生意的發展，他需要資金周轉，不得不向錢莊或銀行借錢。他在自己的實踐中發覺，向別人借錢的代價太高，往往和商業經營獲得的利潤相差無幾。他尋思，自己若開錢莊放債，不是比經營商品更易獲得利潤，風險也更少嗎？從此，他開始謀劃從事放債事業。

放債者的首要前提是本身必須擁有充足的資本。亞倫自有的資本十分微薄，怎能實現宏願呢？

猶太人很善於靠頭腦解決難題。亞倫在經營商業中，逐步抽出有限的資金，放債給一些急需用錢的經營者和生產者，獲得比經營單一商品更好的效益。有不少人急於等錢用，寧願借貸一個月，付20％的高利利息。這樣，等於一百元放貸一年，可獲得240％的回報率，比投資買賣更賺錢。亞倫就是盯著這樣的機會，把他的有限資本大量投入這種高利貸的經營。他的資本如滾雪球一般，愈滾愈大。沒幾年時間，他成了倫敦有名的放債人，遠近聞名的財主。

亞倫從放債經營起家，後來甚至使英國王室成為他放債的主要對象，英國的貴族、教會也是他的重要客戶。英國很多教堂是他放貸興建，如西多會教堂、林肯大教堂、彼得伯勒大教堂等，都是他出資興建。他還通過放貸，在倫敦興建了大批住宅，從中獲取極高的利息回報。

亞倫活了六十三年，到一一八六年去世時，他的財產已多得不計其數。英國國王亨利二世早就盯著亞倫的財產，在他死後不久，即宣布他的財產全部歸英國王室所有。當時亞倫的財產有一艘船那麼多的黃金和珠寶，一批教堂、住宅建築物，另有放債未收回的一萬五千英鎊。且不說黃金、珠寶和建築物的價值，就是那一萬五千英鎊，在八百多年前，已是一筆巨額財富。當時英國王室全年的收入也只不過一萬英鎊左右。也就是說，亞倫的財產比王室還多。

英國王室為了收回亞倫這筆巨大的放債款，專門成立一個亞倫資金特別委員會，組織大批人做收債工作。一一八七年，英王將亞倫的黃金、珠寶裝滿一艘輪船，準備在對法戰爭中使用。但天有不測風雲，這艘滿載珠寶、黃金的輪船在英吉利海峽沉沒了，這筆遺產也隨之失落。

儘管猶太人亞倫的財富沒有傳給後人，但他通過放債經營，迅速成為十二世紀英國最富有之商人的故事，至今仍流傳在英國及猶太生意經中。

6 股市空手道大師孔菲德

孔菲德，人稱美國股市的「空手道大師」。他自幼家境貧寒，且父親早亡，成了孤兒，養成了他奮發圖強的個性。大學畢業後最初幾年，他並未表現出過人的才智。相反，他對金錢極度憎恨。

一九五四年，他告別了費城，隻身漂泊到紐約，找了一份「互助基金」推銷員的工作。

互助基金這一行在戰後大肆擴展，正到處搜羅推銷員。在街上，幾乎是任何會講英語和會笑的人，都在這一行歡迎之列。召來後加以短期培訓，就要他們出去推銷基金股票了。

孔菲德就這樣稀里糊塗，開始了他一生的鴻圖大業。

互助基金一般由股東提供。股東將這筆資金集中起來，投資於股票。這比自己玩股票保險得多。就個人來說，誰能看透變化莫測、瞬息萬變的股市呢？

推銷員的佣金是從投資資金中提取。孔菲德在受訓時，授課老師告訴他，不管股票行情如何變化，即便顧客們賠錢，對推銷員來說，並沒有什麼大關係。

孔菲德最初的老板是紐約一家投資者計劃公司（後來這家公司被孔菲德所收購）。孔菲德並不想長期做推銷員。對他來說，這只是一個跳板。

工作之餘，他花了很多時間研究基金的財務組織和管理。

不久他就發現：互助基金猶如一座「金字塔」，最底層是基層推銷員，往上是推銷主任，再往上是地區和全國性的高級推銷員，高高在上者當然是互助基金的經理群。凡上面的一層，均有從其屬下的佣金中提成的權力。

孔菲德因此看到了推銷員這工領域外更廣闊的「天地」。他覺得自己羽翼漸豐，應該衝破現有環境的束縛，到更廣闊的天地去闖一闖。

一九五五年，經公司允許，他自費去了巴黎。當時歐洲許多國家的政府禁止本國公民購買美國的互助基金股票，以免本國資金因而流向美國。

看來，向歐洲公民推銷美國股票這條路是行不通了。

經過觀察，孔菲德發現了歐洲這個禁區中的另一個「新大陸」——美國的僑民市場。

當時歐洲到處都有美國的駐軍、外交人員和商人，他們大部分已在當地居留相當時間，因而都與家眷同住。他們的薪資都逐漸進入歐洲的經濟圈。

這些美僑有很多餘錢，其中有不少人都讀到關於華爾街空前繁榮的報告，但由於遠居異國，又沒有一條方便之路，可以讓他們將資金投入美國股票市場。

孔菲德的出現正好與僑民的願望不謀而合，真乃是天賜良機、天作之合。

經過廣泛游說，孔菲德賣了很多投資者計劃公司的股票，為公司和他本人贏得了巨額利潤。

他也贏得了聲譽，向他投資的人漸漸增多。他尋思，這足以證明海外存在著一個廣大而富足的市場。當然，這種市場就目前而言，還是潛在的，需要去開拓。至此，他野心勃勃，已不滿足於在投資者計劃公司的現狀。

他注意到一家新的公司——垂法斯基金公司。

這家公司當時的基金股票銷路極佳，比投資者計劃公司擁有更廣闊的市場。於是他毅然做出決定，脫離投資者計劃公司，加入更有名氣的垂法斯公司。

他寫信給垂法斯基金公司，陳述了他所發現的歐洲市場的現況，並提出一個快速開發統計報告，要求垂法斯委派他擔任歐洲總代理。

這一建議很快送到垂法斯的高層決策群。他們反覆研究，討論，一致認為這項計畫對垂法斯的發展非常有利，一旦成功，就可以擴大經營範圍，打開國際市場的局面。於是，孔菲德的要求很快就得到應允。

不久，孔菲德成立了自己的銷售公司，取了一個響亮的名字——投資者海外服務公司（簡稱 IOS）。

起初他自己一個人推銷垂法斯股票，然後他招聘了許多推銷員。這種安排是互助基金的標準組織方式，孔菲德可以從每個推銷員的每筆交易中提取五分之一的佣金（這情況有點像老鼠會）。

隨著推銷員隊伍的繼續壯大，孔菲德從佣金提成的收入已經很高，他已無需自己親自出去推銷。他開始專注於訓練新的推銷員，健全他的代理機構，開拓更廣闊的基金市場。

IOS 以驚人的速度成長。到二十世紀五十年代末，它已擁有一百個推銷員，他們的足跡踏遍世界各大洲的許多國家。它的推銷員隊伍已大到孔菲德一人難以控制的地步。為此，他就一層層地增設中間機構，原來的推銷員被提升為推銷主任，他們有權擁有自己的推銷員並從下屬的佣金中提成。當推銷主任底下的推銷員太多，他又設立了次一層級。由此，他的地位也上升了一級。

就這樣，孔菲德也建立了金字塔組織。

他一層層地從每一個下屬身上提取他應得的那份佣金。

到一九六〇年，孔菲德已淨賺一百萬美元，而他自己從未加入一分一釐的資金。實際上，他不是「一本萬利」，而是「無本萬利」的「空手道」高手。

孔菲德手中擁有了雄厚的資本，加之公司聲名鵲起，於是，他踏出了在互助基金這一行中堪稱石破天驚的一步——成立了他自己的互助基金公司。

他的第一家互助基金名叫國際投資信託公司（簡稱 ITT）。這家公司在盧森堡登記註冊，通訊地址和實際經營的總部則依然設在瑞士，和 IOS 在一起。

孔菲德的那些熟練而有衝勁的推銷員能使一般潛在客戶獲得一個印象：ITT 是一家以瑞士為基地，殷實可靠的大公司。ITT 股票銷售的情況就如股市繁榮時的熱門股票。十二個月後，公司已獲得其投資者收入的三五〇萬美元。基金繼續不斷增長，終於達到將近七．五億美元。

長期以來，孔菲德對他只能在美國公民中推銷基金的限制，一直大感氣惱。

二十世紀五十年代末期，有幾個國家的政府抱怨 IOS 的推銷員（也許並未得到孔菲德的支持）私下違背這個規定，大批將垂法斯的股票，通過銀行和貨幣交換的方式，賣給非美國的公民。

孔菲德決定設法使這一限制，一國一國地解除。

他去見每一個國家的財政當局，說：

「你們現在擔心資金流出貴國，對不對？好吧！我告訴你我的做法。我的新基金 ITT 將投入一部分資金，購買貴國企業的股票。但你們要准許我向貴國人民推銷基金股票，作為交換條件。」

他一國接一國地說服了對手。

他就是這樣一步步地使自己從推銷員、推銷主任、超級推銷員，直到坐上老板的位子，登上互助基金的「金字塔」塔尖。他的財源滾滾而來。

接下來，他把注意力轉向金融中心——華爾街。

華爾街股市一直譽滿全球，它的許多熱門股票都是搶手貨。孔菲德只有躋身其間，才有用武之地。於是，他和他的助手想出了一個絕妙的主意。

美國法律規定，由公眾擁有的投資公司只做多層基金的生意，個人擁有的公司則不受這種限制。這樣，如果本公司成立只有一個股東的「基金的基金」公司，就合乎個人公司的定義，這種私有資金也就可以在美國公開經營而不受干涉。說穿了，就是在華爾街設立一個公司辦事處。這對長期不能在華爾街和美國其它各地立身的國際投資信託公司來說，可說是一舉兩得。

就這樣，一個接一個私人基金成立起來，對任何股票都大膽投資。從炙手可熱的熱門股票到令人望而卻步的冷門股票，從房地產投資到北極石油探測，他們都插上一手，從中撈到不少利益。

眼下，「基金的基金」已不僅是一個投資於其它基金的超級基金組織，更是一家受少數大亨操縱的公司，他們無所顧忌地從事一連串的投資冒險事業。

孔菲德的一生中大部分時間都是默默無聞。到了二十世紀六十年代，經過十幾年的發展，他脫穎而出，一下子成了美國股票市場耀眼巨星。

7 勞埃德在風險與保險中豪賭

一六八〇年，在英國倫敦泰晤士河畔，勞埃德開了一家咖啡館。由於泰晤士河是英國河海航運的樞紐，勞埃德的咖啡館就成了當地的信息中心，生意十分興隆。

一天，咖啡館裡聚集著船主、海員、商人，大家紛紛談論著航海中的見聞。當說到倫巴底人因海盜猖獗而實行海運保險時，勞埃德心中一動。

原來，那時的航海條件還十分落後，人們對地球和海洋知之甚少。由於海船較小，很難抗拒大風暴，海盜又經常出沒，所以海船經常出事。

為什麼不施行航海保險呢？勞埃德的這一突發奇想立刻得到大家的支持——不論是船主還是商賈，都希望自己每一次出海都能有所保障。

當然，僅憑勞埃德的儲蓄還不足以建立保險事業。好在朋友們慷慨解囊，給保險業這一新生兒注入了生命力。勞埃德在籌足了資金之後，又著手挑選辦事人員和文字工作人員。他在創辦保險公司的同時，還想創辦一份報紙，以手抄本的形式，把搜集到的航運、貨物信息融為一體。

不久，勞埃德的保險公司成立了。公司設在倫敦市中心，建築規模雖然不大，卻古色古香，宛如一座豪華車站。

勞埃德公司一直保持著成立之時的傳統：大門口站著身披紅色斗篷的衛士，樓房裡擺著十九世紀的長椅子、大桌子以及高高的書櫥。休息室被稱作「船長室」，衛兵也被喚作「侍者」。所有這一切，呈現出狄更斯時代的風格。但它的存在並不僅僅是一種裝飾或遺跡，而是一種象徵，一種代表勞埃德保險公司的象徵，就如同一件商品的品牌和商標一樣。

勞埃德在剛創辦公司的時候，採取面對面商談保險業務的方式。面談的氣氛嚴肅而緊張。身著紅袍的傳喚員依次叫著投保者的名字，被叫者馬上進入小隔間，拿出自己需要保險的項目和保險金，並做出必要的解釋。最後，雙方意見統一後，在保險單上簽字，生意就生效了。

勞埃德保險公司這種面對面商談保險業務的傳統，使保險公司和投保者建立一種相互依賴和信任的關係。為此，公司的生意果然非常興隆。

然而，保險業是充滿風險的一種業務，勞埃德公司成立之後，就不斷承受著風險的挑戰。

一九〇六年，美國舊金山大地震引起了一場大火，使勞埃德公司損失了將近一億美元的保險費。

一九一二年，英國「鐵達尼號」巨型客輪在北大西洋觸冰沉沒，近二千人死亡。勞埃德公司又付出了三五〇萬美元的賠償金。

一九三七年，德國飛艇「興登堡號」爆炸。勞埃德公司再次付出了接近一千萬美元的巨額賠償金。

這幾筆絕無僅有的大損失使勞埃德公司元氣大傷。但是，勞埃德的全體人員毫不氣餒，在風浪中闖過一關又一關。二十世紀七十年代後期，兩筆大的損失就付出了六十四億美元。但他們經過不懈的努力，業務蒸蒸日上，每年的營業額達二千六百七十億美元，利潤達六十億美元。

在勞埃德的保險業務中，沒有什麼不能投保的。影視明星瑪蓮・黛德麗為自己的容顏和玉腿投保了一百萬英鎊，保險商當即拍板；一位美國導演要為自己的精力投保，也被接受。

一九八四年，向勞埃德公司投保的三顆美國通信衛星偏離了軌道，公司必須負擔三億美元的賠償費。為此，勞埃德公司的成員並沒有驚慌失措，而是積極地調查情況，以最大限度地減少損失。他們立即請專家分析，認為可以利用太空梭對衛星進行修理，最後挽回了七千萬美元的損失，最重要的是挽回了公司的聲譽。

兩伊戰爭的升級，使行駛波斯灣的油輪保險費日增。有誰敢保證伊朗或伊拉克的炮彈長了眼睛呢？當時，為一艘價值四千萬美元的貨輪投保一週，可得四百萬美元的保險金，就充分說明了保險和風險的關係。

三百年的滄桑，三百年的風險，勞埃德公司從一家咖啡店發跡，最終成為全世界最大的保險公司，可說是它的魄力和信譽所成就。

8 金融大鱷——索羅斯

美籍猶太人喬治・索羅斯號稱「金融天才」。從一九六九年建立「雙鷹基金」至今，他創下了令人難以置信的業績，以平均每年 35%的綜合成長率，令華爾街同行望塵莫及。他好像具有一種超能力，左右著世界金融市場。他的一句話就可以使某種商品或貨幣的交易行情驟變，市場的價格隨著他的言論上升或下跌。

一名電視台的記者曾對此做了如此形象的描繪：「索羅斯投資於黃金，大家都認為應該投資於黃金，於是黃金價格上漲；索羅斯寫文章質疑德國馬克的價值，於是馬克匯價下跌；索羅斯投資於倫敦的房地產，當地房產價格的頹勢在一夜之間扭轉乾坤。」

二十世紀九十年代初期，西方發達國家正處於經濟衰退的過程中，東南亞國家的經濟卻出現奇蹟般的增長，經濟實力日益增強，經濟前景一片燦爛。東南亞的經濟發展模式在經濟危機爆發前，一度是各發展中國家紛紛仿效的樣板。東南亞這些國家對各自的國家經濟非常樂觀，為了加快經濟增長的步代，紛紛放寬金融管制，推行金融自由化，以求成為新的世界金融中心。

但他們在經濟繁榮的光環閃爍中，忽視了一些很重要的東西，而主要依賴於外資投入的增加。在此基礎上放寬金融管制，無異於沙灘上起高樓，使各自的貨幣在無任何保護下暴露於國際游資之前，極易受到來自四面八方之國際游資的衝擊。加上經濟快速增長，東南亞各國普遍過度投機房地產、高估企業規模及市場需求等，發生經濟危機的危險逐漸增加。

東南亞出現如此巨大的金融漏洞，自然逃不過這隻到處搜尋獵物的大鱷——索羅斯的眼睛。

隨著時間的推移，東南亞各國經濟過熱的跡象更加突出。各國中央銀行採取不斷提高利率的方法，試圖降低通貨膨脹率。但這種方法也提供了很多投機的機會。連銀行業本身也在大肆借入美元、日元、馬克等外幣，加入投機者的行列。它造成了嚴重的後果——各國銀行的短期外債巨增。一旦外國游資迅速流走，各國金融市場將會陷入令人痛苦不堪的大幅震盪。

東南亞各國的中央銀行雖然也已意識到這一問題的嚴重性，但面對開放的自由化市場，顯得有些心有餘而力不足。其中，泰國所面對的困境最為嚴重。因為當時東南亞各國金融市場的自由化程度以泰國最高，泰銖緊盯美元，資本進出自由。泰國經濟的「泡沫」最多，泰國銀行業將外國流入的大量美元貸款移入房地產業，造成供求嚴重失衡，從而導致銀行業大量呆賬、壞賬，資產質量嚴重惡化。到一九九七年上半年，泰國銀行業的壞賬，據估計，竟高達八千億到九千億泰銖（約合三一〇億～三五〇億美元）。加之借款結構的不合理，更使泰國銀行業雪上加霜。泰國銀行業的海外借款，95%屬於不到一年的短期借款。

索羅斯這隻大鱷正是看準了東南亞資本市場上這一最薄弱的環節，決定首先大舉襲擊泰銖，進而掃蕩整個東南亞國家的資本市場。

一九九七年三月，泰國中央銀行宣布有九家財務公司和一家住房貸款公司存在資產質量不高以及流動資金不足的問題。索羅斯認為千載難逢的時機已經來臨，他及其他套利基金經理開始大量拋售泰銖，泰國的外匯市場立刻波濤洶湧，動盪不寧。泰銖一路下滑，五月份最低跌至 1 美元兌 26.70 銖。

泰國中央銀行在緊急關頭，採取各種應急措施，如動用一二〇億美元外匯買入泰銖，提高隔夜拆借利率，限制本國銀行的拆借行為等。

這些強有力的措施使得索羅斯的交易成本劇增，一下子損失了三億美元。但他對自己原有的理論抱有信心，堅持他的觀點。三億美元的損失根本無法嚇退他，他認定泰國即使使出渾身解數，也抵擋不了他的衝擊。他志在必得。

六月下旬，索羅斯籌集了更龐大的資金，再次向泰銖發起猛烈進攻。各大交易所一片混亂，泰銖狂跌不止，交易商瘋狂賣出泰銖。泰國政府動用了三百億美元的外匯儲備和一五〇億美元的國際貸款企圖力挽狂瀾。但這區區四五〇億美元的資金相對於天量級的國際游資來說，猶如杯水車薪，無濟於事。

七月二日，泰國政府再也無力與索羅斯抗衡，只得改變維繫了十三年之久的貨幣聯繫匯率制，實行浮動匯率制。泰銖更是狂跌不止。七月二十四日，泰銖已跌至1美元兌32.63銖的歷史最低水平，泰國政府被國際投機家一下子捲走了四十億美元，許多泰國人的腰包也被掏個精光。索羅斯初戰告捷，並不以此為滿足。他決定席捲整個東南亞，再狠撈一把。索羅斯颶風很快掃蕩了印度尼西亞、菲律賓、緬甸、馬來西亞等國家。印尼盾、菲律賓比索、緬甸元、馬來西亞林吉特紛紛大幅貶值，導致工廠倒閉、銀行破產、物價上漲等一片慘不忍睹的景象。這場掃蕩東南亞的索羅斯颶風一舉捲去了百億美元之巨大財富，使這些國家幾十年的經濟增長化為灰燼。

掃蕩完了東南亞，索羅斯那隻看不見的手又悄悄伸向東方明珠——香港。

一九九七年七月中旬，港幣遭到大量投機性拋售，匯率受到衝擊，一路下滑，跌至 1 美元兌 7.75 港幣的心理關口附近。香港金融市場一片混亂，各大銀行門前擠滿了擠兌的人群。多年來，港幣首度告急。香港金融管理當局立即入市，強行干預市場，大量買入港幣，使港幣兌美元匯率維持在 7.75 港元的關口。

剛開始的一周時間，確實起到預期的效果。但不久，港幣兌美元匯率就跌破了 7.75 港元的關口。香港金融管理局再次動用外匯儲備，全面干預市場，將港幣匯率重新拉升至 7.75 港元之上，顯示了強大的金融實力。索羅斯第一次試探性的進攻，在香港金融管理當局的有力防守下失敗了。

根據以往的經驗，索羅斯絕不輕易罷休。他開始對港幣進行大量的遠期買盤，準備重現東南亞戰役的輝煌。但這一次他的決策可算不上英明。他也許忘了考慮香港背後的中國大陸。香港和中國大陸的外匯儲備達二千多億美元，如此強大的實力，可不是泰國等東南亞國可比擬的。

對香港而言，維護固定匯率制是維護港人信心的保證。一日一固定匯率制在索羅斯等率領的國際游資衝擊下失守，港人將會對香港失去信心，進而毀掉香港的繁榮。所以，保衛香港貨幣的穩定注定是一場你死我活的生死戰。香港政府決心不惜一切代價，反擊對港幣的任何挑戰。

一九九七年七月二十一日，索羅斯發動新一輪的進攻。當日，美元兌港幣三個月遠期上升了250點，港幣三個月同業拆借利率從5.575％升至7.06％。香港金融管理局立即於次日精心策劃了一場反擊戰。香港政府通過發行大筆政府債券，抬高港幣利率，進而使港幣兌美元匯率大幅上揚。同時，香港金融管理局對兩家涉嫌投機港幣的銀行提出口頭警告，使一些港幣投機商戰戰兢兢，最後選擇退出投機隊伍。這就削弱了索羅斯的投機力量。當港幣開始出現投機性拋售時，香港金融管理局又大幅提高短期利率，使銀行間的隔夜貸款利率暴漲。一連串的反擊，使索羅斯的香港征戰未能討到任何便宜。據說，此舉使他損失慘重。

中國政府也一再強調，將會全力支持香港政府捍衛港幣的穩定。必要時，中國銀行將會與香港金融管理局合作，聯手打擊索羅斯的投機活動。這對香港無疑是一帖強心劑，對索羅斯來說卻絕對是一個壞消息。索羅斯所聽到的「壞消息」遠不止這些。七月二十五日在上海舉行的包括中國、澳大利亞、香港特別行政區、日本和東盟國家在內的亞太十一個國家和地區的中央銀行會議發表聲明：「亞太地區經濟發展良好，彼此要加強合作，共同打擊貨幣投機力量。」這使索羅斯感到投機港幣賺大錢的希望落空，只得悻悻而退。

這次襲擊港幣失利，給了索羅斯一個教訓：不要過分高估自己左右市場的能量。否則，市場有時也會來個下馬威，讓你吃盡苦頭。

索羅斯堪稱世界上的頭號投資家。從進入國際金融領域至今，他所取得的驕人業績，幾乎無人能比。某些投資者或許會有一兩年取得驚人的業績，但像索羅斯那樣，幾十年一貫表現出色，卻非常難得。他雖然也曾經歷過痛苦的失敗，但他總能跨越失敗，從跌倒的地方再站起來，變得更加強大。他就像金融市場上的「常青樹」，吸引著眾多渴望成功的淘金者。

有人將索羅斯稱作「金融大鱷」、「金融殺手」、「魔鬼」。他所率領的投機資金在金融市場上興風作浪，翻江倒海，刮去了許多國家的財富，掏空了成千上萬人的荷包，使他們一夜之間變得一貧如洗。

他曾為自己辯解說，他投機貨幣，只為了賺錢。在交易中，有些人獲利，有些人損失，這是非常正常的事，他並不刻意損害誰。他對在交易中遭受損失的對方並不存有任何負罪感，因為他自己也可能遭受損失。這或許再明白不過地表明了他的猶太血統。

不管世人如何評說，索羅斯的金融才能是公認的，他的薪水至少比聯合國中42個成員國的國內生產總值還高。富可敵42國，這是對他金融才能的充分肯定。

Lesson 04

守約也有守約的智慧

拿1萬元做1萬元的生意，

那不叫做生意，

拿1萬元做10萬元的生意，

那才叫做生意。

1 契約是人與神的約定

當年，在希特勒的年代裡，有個猶太人要被執行死刑了，於是拉比前來看他，對他說：

「我可以幫助你什麼嗎？請儘管交代！」

這名死刑犯聽了之後，看看天空對拉比說：「不必了，等一下我就會見到你老闆了，或許我還可以替你轉告一些什麼的呢！」

猶太人重諾守約的商業作風在國際貿易中可謂眾人皆知。許多國家的商人與猶太人做生意時，對猶太商人的履約有極大的信心，因為猶太人對自己履約守信的要求非常嚴格，他們不允許有任何不守合約的情況出現，那怕是在其他場合出現。猶太商人的這一素質，對整個商業界可謂影響深遠，當真是無論怎樣高的評價，也不過分。

素有自稱「銀座猶太人」的日本商人叫藤田田，在一本推銷自己的書《猶太人賺錢術》中多次告誡日本商界，不要對猶太人失信或毀約。否則，將永遠失去與猶太人做生意的機會。

有一個猶太人老板和僱工訂立了契約，歸定僱工為老板工作，每週發一次工資，但工資不是現金，而是工人從附近的一家日用品商店購買與工資等價的物品，然後由商家到這位猶太人老板處結清賬目，領取現款。

過了一週，工人氣呼呼地跑到老板跟前說：「商店主人說，不給現款就不能拿東西。所以，還是請你付給我現款吧！」

孰料，不久之後，那個商家也跑來結賬了：「貴處工人已經取走了東西，請付錢吧！」

老板一聽，給弄糊塗了，經過了一番調查。但雙方各執一詞，怎麼也不能證明誰在說謊。結果，只好由老板花了兩份開銷。因為他同時向雙方做了許諾，而商店的主人和那個工人並沒有僱傭關係。

猶太商人首先意識到的是守約本身這一義務，而不是守某項合約的義務。他們普遍重信守約，相互間做生意，經常連合約也不需要，口頭的允諾已有足夠的約束力，因為他們認為：「神聽得見」。因此，不能違背神、欺騙神。

守約是一種做人的義務

猶太商人的重信守約，給他們帶來了積極的效果。

現代商業世界極為講究信譽。信譽就是市場，就是企業生存的基礎。所以，以信譽招徠或留住顧客是許多企業共同使用的招數。在商業領域，第一個奉行最高的商業信譽——「不滿意可以退貨」的大型企業是美國猶太商人朱利葉·斯羅森沃爾德的「希爾斯·羅巴克百貨公司」。

這項規定是這家公司在二十世紀初推出。，在當時堪稱「聞所未聞」。確實，這已大大超出一般合約所能規定的義務範圍——甚至把允許對手「毀約」都列為己方無條件的義務！

極高的商業信譽對猶太人事業的發達所帶來的好處顯而易見。畢竟，守信是最具有遠見的「理性算計」。

猶太人在「宮廷猶太人」時期，就開始經營奢侈品。至今，最主要的幾項奢侈品幾乎都仍為他們所壟斷。鑽石是名副其實的奢侈品，而鑽石行業從開採、買賣原石、磨製完成到銷售，幾乎都掌握在猶太商人手裡。婦女服裝，尤其是時裝，是一項很容易過時的高檔消費品。在美國，女裝的生產和銷售一度曾有高達 95％被猶太人所控制。其它諸如皮草、名牌箱包之類的行業（利潤很高）也都是猶太商人的囊中物。所有這一切奢侈品的經營，對「長期守信」這一點都有極高的要求。

猶太鑽石商人海曼・馬索巴曾經這麼說：「要經營鑽石，至少要制定百年大計，一代人是完成不了的。而且，經營鑽石的人必須受人尊敬。鑽石生意的基礎在於取得人們的信賴。」

也正是憑著「重信守約」的傳統，猶太商人才能在各國川流不息遊刃有餘，縱橫捭闔於世界商海之中，充當了商業世界經濟秩序的台柱。

在猶太人眼中，契約絕不可毀壞，因為契約源於人和神的約定。猶太民族信仰的源泉《舊約》就是上帝與人類之間訂立的「古老契約」。

現代意義上的契約，在商業活動中稱作「合約」，是交易各方在交易過程中，為維護各自的利益而簽訂的在一定的時限內必須履行的責任書。合法的合約，受法律保護。

在全球商界，猶太商人的信守合約的精神可說有口皆碑。在他們看來，毀約絕不應該發生，也不可寬恕。契約一經簽訂，就得遵守。

猶太人的經商史，可說是一部有關契約之簽訂和履行的歷史。猶太人之所以成功，其中一個原因就在於他們一旦簽訂了契約，就一定執行，即使碰到再大的困難與風險，也由自己承擔。他們相信，交易的對方也一定會嚴格執行契約中的規定。因為，他們的存在，是源於他們和上帝簽訂了存在之約。如果不履行契約，就意味著打破了神與人之間的約定，必會給人類帶來災難，人將受到上帝的懲罰。

簽訂契約前可以談判，可以討價還價，也可以妥協退讓，甚至可以不簽約，這些都是自己的權利。但是，一旦簽訂了，就要承擔自己的責任，不折不扣地執行。

正是基於這種認識，猶太人對違約之人深惡痛絕，一定嚴格地追究責任，毫不客氣地要求賠償損失。對不履行契約的猶太人，大家都會唾罵他，並與其斷絕關係，並最終將其逐出猶太商界。

2 商人之魂——守約

依據新約聖經的記載，地上一旦出現了樂園，人類、獅子、綿羊以及所有的動物，就會很幸福快樂的生活在一起。

不過，由於猶太人一直不承認人子基督是神（猶太人是一神論的），是西貝貨，因此也一直認為所謂的「新約聖經」是假貨。

有一天，信基督教的夫婦來到了動物園，他倆往獸檻裡面一瞧，獅子跟綿羊竟然并排躺在一起睡覺。

「這一幅光景非常的感動人！」

「好感人的光景，只有在神的國度裡方可看到這種光景。」那對夫婦眼睛閃耀著光輝說。

這時，有個猶太的飼養人員剛好經過那兒。

於是，那一對夫婦就問他：

「請教一下，這種光景只能夠在新約聖經出現，為何這座動物園能夠做到這一點呢？」

猶太的飼養人員笑了笑，如此的說：

「那太簡單啦！每天只要多放一隻羊就成了。」

有一位出口商與猶太商人簽訂了一萬箱蘑菇罐頭的買賣合約。合約中規定：「每箱二十罐，每罐一百克。」但出口商在出貨時，卻裝運了一萬箱一五〇克的蘑菇罐頭。貨物的重量雖然比合同多了50％，但猶太商人卻拒絕簽收。出口商甚至同意超出合約的重量部分不收錢，猶太商人仍不同意，並要求索賠。出口商無可奈何，依約賠了猶太商人八百多萬美元後，還得把貨物另做處理。

此事看來，在表面上似乎猶太商人太不通情理，多給他貨物竟不要。這種其他民族難以理解的事，在猶太商人心中卻自有其道理。

只要守約，不要佔便宜

首先，猶太人可說是「契約之民」，他們的生意經，「精髓即在於合約」。一旦簽訂合約，不管發生什麼困難，也絕不毀約。當然，他們也要求簽約的對方嚴格地執行合約，不容許在合約上態度不嚴謹。

猶太人對合約如此重視，與他們信奉猶太教有關。猶太教有「契約的宗教」之稱，《舊約》全書就被視作「神與以色列人所立之約」以及「人之所以存在，是因為與神簽訂了存在的契約之緣故。」猶太人相信此說，所以他們絕不毀約，一切買賣，絕對篤信合約。誰不履行合約，必被看成違反了神意，絕不容許，必須嚴格追究責任，毫不留情地提出索賠的要求。

第二，猶太人精於經商，深諳國際貿易法規和國際慣例。他們懂得，合約的品質是一項重要的條件，或稱實質性的條件。合約規定的商品規格是每罐一百公克，而那個出口商交付的卻是每罐一五〇克，雖然重量多了五十克，但賣方未按合約規定的規格交貨，這就是違反合約精神了。按國際慣例，猶太商人當然有權拒絕收貨並索賠。

第三，上述案例中，還有個適銷通路的問題。猶太商人購買不同規格的商品，有其商業上的目的，包括適合消費者的愛好和習慣、市場供需情況、對付競爭對手的策略等。如果出口方裝運的一五〇克蘑菇罐頭不適合消費者的習慣，即使每罐多給五十克並不加價，進口一方的猶太人也不會接受，因為這打亂了他的經營計畫，有可能使他的銷售渠道和商業目標受到損失，後果十分嚴重。

第四，這種情況的發生，還有可能給買方猶太商人帶來意想不到的麻煩。假設猶太進口商的所在國是實行進口貿易管制比較嚴格的國家，他申請的進口許可證是一百克，實際到貨是一五〇克，進口重量比進口許可證的重量多了50%，很可能遭到進口國有關部門的質疑，甚至被懷疑有意逃避進口關稅，以多報少，必定受到追究責任和罰款。

由此可見，合約是買賣時極為重要的要件。違反合約上的規定，對買賣雙方必定帶來嚴重的後果。猶太人深知其中利害，故強調務必守約。

事實上，在如今的商業世界，合約不僅受到猶太人重視，世界各國的商業活動已普遍遵行。通過交易的洽談，一方的邀約被另一方有效地接受之後，合約就告成立。合約經雙方簽字，就成為約束雙方的法律性文件，有關合約中規定的各項條款，雙方都必須遵守和執行。任何一方違反合約中的規定，都必須承擔法律責任。

3 守約並非一成不變的

在赫爾姆那座城市，有一夜發生了火災。人們在拉比的指導下，全力參加救火工作。無情火燒毀了約三十棟房子，好不容易才被撲滅。

當人們喘了口氣，坐下休息時，拉比卻如此說：

「這一場火是上天所賜，咱們還算很幸運。」

聽了這句話，城裡的人們嚇了一跳：

「為什麼說這場火是上天所賜呢？」

「如果沒有這一場火的話，咱們怎能在伸手不見五指的黑夜裡滅火呢？」

守法背後的智慧

猶太商人繼承了猶太民族的傳統，具有良好的法律素質。他們不但嚴格守法，而且非常善於守法。在兩千多年的商業實踐中，他們不但恪守了「契約之民」的民族教條，還運用他們的智慧，極具創造性地大量積累了利用法律，通過契約，達到自身之目的的經驗。

說他們善於守法，是指他們有能力在嚴格遵守法律或契約的前提下，最大限度地實現自己的目的，哪怕這一目的在實質上並不符合法律或契約的規定，有違法律和契約原來的精神。也就是說，借法律或契約之形，而行非法或非約之實（注意，不是違法或違約之實。因為，他們可是守法遵約的楷模）。這種強調形式上守法守約的精神，大量體現在充滿智慧的猶太寓言中有些同樣或類似的故事，也會出現不同的解釋：

古時候，有一個賢明的猶太人把兒子送到很遠的耶路撒冷去學習。一天，他突然染了重病，知道來不及見兒子最後一面，就留下一份遺囑。上面清楚地寫著：家中所有財產都讓給一個奴隸。但是，在這些財產當中，假如有一件是兒子所想要的，可以讓給兒子。不過，只能挑一件。

這位父親死了之後，奴隸很高興自己交了好運，便連夜趕到耶路撒冷，向死者的兒子報喪，並把遺囑拿給他看。兒子一看，大感驚訝，更傷心。

辦完喪事，兒子一直盤算著自己該怎麼辦，卻總是理不出頭緒。於是，他跑去求見拉比。拉比是猶太人中非常聰明，而且極具智慧的人。這位兒子說完了整個情況之後，便發起牢騷。

拉比卻笑著對他說：「從遺囑上可以看出，你的父親十分賢明，而且真心愛你。」

拉比讓他好好地動動腦筋，只要想通了他的父親的希望是什麼，就可以知道他的父親已給他留下了可觀的遺產。

可這個兒子還是聽不明白這樣做對他有什麼益處。拉比見他還是反應不過來，只好給他挑明：

「你不知道奴隸的財產全部屬於主人嗎？你父親不是說給你挑一件他留下的財產嗎？你只要選擇那個奴隸就行了。這不是他充滿愛心的謀略嗎？」

年輕人終於恍然大悟。很明顯，那猶太人使了一個小計謀，給奴隸吃了一個俗話說的「空心湯圓」。遺囑所給予奴隸的全部權利都建立在一個「但是」的基礎之上，前提一變，一切權利皆成泡影。這樣一個機關暗藏的活扣，就是那猶太人智謀的關鍵。

然而，這則《塔木德》寓言所蘊含的智慧並不僅僅止於此，若做深一層的探究，還可以發現猶太民族在訂約守約方面的獨特智慧。

那猶太人的遺囑在形式上是自我完善的，只要遺囑整體作為一項合法的文件得到尊重，兒子身為繼承人所享有的那一前提之下，權利也必定能夠得到滿足。從這裡不難看出，猶太人的智謀就表現於不借助外部力量，在嚴格履約的同時就可以避免合約中所規定的不合本意的安排，卻不背上毀約的名聲。

形式上的公正，並不表示一切公正

猶太民族素來看重契約，並以信守合約為立身之本。連與上帝的關係也被看作一種合約關係，而不是像其他民族那樣，當成一種絕對、無條件的主宰與被主宰的關係。不過，合約一旦設定，具體的限定便馬上有了「無條件」和「絕對」的性質，再也不能更改。顯然，合約的這種嚴肅性較之合約中的主導方任意更改、毀棄合約的情形，總要多體現一點公正性。在合約雙方出於自願的情況下更是如此。

然而，這種公正只存乎形式上，並不意味著合約內容的公正。無論何種合約，立約的雙方總會出於謀求自身利益最大化的動機，想方設法加上於己有利的規定。在上述場合下，一方處於明顯劣勢，便無法拒絕另一方變本加厲的要求。

於是，既要保證合約形式上的公正性，又要加強或抵消內容上的傾向性，便成為立約雙方互做攻防的一個狹小舞台。不過，舞台雖小，對雙方的用智來說，已經留出很大的餘地。從生活起居開始，在一切方面都頗為拘泥形式的猶太民族，自然就朝著形式的方向，發揮、發展自己立約的智慧。靠著這種智慧，理應對他們約束最為厲害的形式，卻正好約束了他們的對手。那個奴隸之所以不帶財產潛逃，除了沒看破遺囑中的計謀之外，更大程度上還在於對猶太人守約所持的信任。

可是，猶太民族的福祉恰恰在於這種形式上的完備性，正好同人類社會形式合理化的一般歷史要求相吻合，合約形式的公正也正好同現代法律形式上的公正相吻合。由同為合法權利之主體的立約各方所自願訂立的合約，即使其內容不公正，只要在一定的限度內，從法律上說，仍然是公正的。事實上，在今日社會，一個人能否成為真正意義上的權利主體，很大程度上取決於他能否首先成為智慧的主體。

在現代商界，較之那個奴隸遠為自由、自主的人之中，最終只能享有比他好不了多少的結局者也不乏其人。僅就此而論，富有立約守約之智慧的猶太民族在當今世界中的繁榮昌盛，也就成為理所當然的了。

猶太教在中國有個俗稱，叫「挑筋教」。因為依猶太人的習俗，人不可食牛羊腿筋，必須把它去掉後才能食用。猶太人之所以不吃牛羊的腿筋，源自《聖經》中的一個傳說。

古猶太人的十二支派原是同父十二個兄弟所傳下的血脈。這十二個兄弟的父親便是雅各。

雅各年輕時曾去東方打工，依附於其舅舅，其後娶兩個表妹為妻。過了數年，在神的允諾下，他攜妻帶子，返回迦南。

途中，一個夜間，來了一個人，要同雅各摔跤。兩個人一直鬥到黎明。那人見自己勝不過雅各，便將他的大腿窩摸了一下。雅各的大腿就扭了。

那人說：「天亮了，讓我走吧！」

雅各不同意，他說：「不行，你不為我祝福，我就不讓你走。」

那人便問他：「你叫什麼名字？」

雅各把名字告訴了他。

那人說：「你的名字不要再叫雅各，要叫以色列。因為你與神角力都得了勝。」以色列是猶太人建國之後的名稱，意為「與天神摔過跤的人」。

堂堂上帝，同人類比試，竟使用不合規範的小動作。這對老是責備以色列人不守約的上帝來說，顯然不是一個值得誇耀的舉動。但猶太人為何偏偏把此事記錄在樹立耶和華上帝之絕對權威的《舊約》正典之中？是否對上帝有些不恭？

也許，古猶太人角力時，並沒有「明文」規定，不可摸對手的大腿窩，上帝不過鑽規則不清的一個漏洞罷了。而身為上帝子民的猶太人把這麼一個上帝鑽漏洞的典故記錄下來，極可能正是出於將「鑽漏洞」這種合法的違法之舉或違法的合法之舉加以神聖化的需要。

4 鑽法律漏洞的「守法人」

星期五的早晨，拉比到赫爾姆的市場買了一條活鯉魚。鯉魚是猶太人最喜歡吃的魚。拉比把魚兒放在外套裡，朝著回家的路走。想不到走到市中心時，鯉魚開始掙扎了起來，以致用牠的尾巴拍打了拉比的面頰。

「在這座城市裡，數百年來沒有人敢對拉比無禮，想不到這條鯉魚卻開了先例！」

拉比在憤怒之餘，回到教會跟教區的長老們商量，結果判這條如此無禮的鯉魚——放入市外的大河流裡，叫牠活活淹死！

一般人從邏輯上說，尊重法律，就應當尊重法律所規定的一切，由內容到手段，再到程序。漏洞當然也不能例外。因為，一則漏洞本身就是某一法條中不可分割的一部分，二則一個費盡心計鑽法律漏洞的人，本身還是尊重法律的，他做的仍然是「法律沒有禁止」的事。真正不尊重法律的人則連立法的必要性也不承認，常常、乃至習以為常地從原本就支離破碎，不成體系的法律中破網而出。

不過，儘管按照「法律之前，人人平等」的法制要求，在法律的漏洞之前也應該人人平等，可是，鑽漏洞畢竟需要別出心裁的心智和機敏。所以，漏洞之鑽，是指對聰明人而言的吧！因為大部分人只能在「天衣無縫，固若金湯」的法律條文之前抓耳撓腮。

對於把研究律法看作一生之義務或祖傳之手藝（這兩種態度分別指向猶太人自己的律法和他民族的法律）的猶太人來說，任何法律都有漏洞（否則《塔木德》中也不會有那麼多「議而不決」的案例），而且有不少法條，其漏洞之大，不亞於法院的大門！只要方法得當，手腳靈活，盡可來去自由。尤其是那些歧視、迫害或對猶太人不友好的人所制定的法律，猶太人更可理直氣壯地白眼看它。

抓住法律的小辮子

不過，從猶太人已養成的習慣來看，與其破網而出，不如神不知鬼不覺地鑽漏洞，既不引人注目，也不會於心不安，還可以讓漏洞長存，以便後人進出。

第二次世界大戰期間，波蘭已經落入希特勒的魔掌，鄰近的小國立陶宛也處在即將被吞併的危險中。許多猶太人紛紛逃離立陶宛，經日本遷往他國。有一天，日本政府機關的函電檢查官把日本猶太人委員會的萊奧·阿南找了去，要他把一份發往立陶宛科夫諾的電文翻譯出來，並解釋一下。因為電文中有這樣一句話：shishOmiskadshimb, talisehad。

阿南當時解釋說，這份電報是卡利什拉比發給立陶宛的一個同事，談的是猶太教宗教禮儀上的幾個問題，它的意思是說：「六個人可以披一塊頭巾進行祈禱。」

檢查官聽了這番解釋，覺得有道理，就同意把電報發出去。

其實，阿南自己也不知道，這句話放在這裡是什麼意思，為什麼突兀地跑出一句「六個人可以披一塊頭巾進行祈禱」來呢？

後來，他終於找到那位可敬的卡利什拉比，向他問起這個問題。

卡利什拉比用深沉而悲哀的目光久久凝視著他，似乎在說：「一個猶太人怎麼能不瞭解這句有名的《塔木德》格言？」

「你當真不懂嗎？這不是說明：六個人可以用一份證件上路了呀！」

這一下，阿南才恍然大悟。卡利什拉比剛剛離開歐洲，來到日本，他關心著立陶宛的猶太同胞。他知道，日本在科夫諾發出的過境簽證，是以家庭為單位。於是，他就向那裡的猶太人建議，即使六個本來不屬一家的人也可結成一個家庭去申請簽證，藉以使更多的猶太人可以離開立陶宛。

誰讓日本人不對家庭做出一個精確的界定呢？其實，平心而論，日本人沒有研究過《塔木德》，不知道許多單獨看起來明確的規定，放在變化的情境中，完全可能出現許多極「不明確」的巧局。更何況，要日本人掌握那種超越常規邏輯的「拉比邏輯」，顯然不是一下子就能辦到的。

所以，當一個又一個猶太人的「六口之家」通過各種途徑踏上日本列島時，他們只會驚訝於猶太人在組織家庭規模上的高度同一性；若不經拉比點破，他們絕對想不出猶太人的家族人數，竟然還是由日本出入境管理條例所決定。

洛克菲勒也是鑽法律漏洞的高手

洛克菲勒石油家族也有許多鑽法律漏洞的故事。我們在此茲舉二例如下：

一、鑽法律漏洞，搶鋪輸油管道。

洛克菲勒想獨佔美國石油之鰲頭，泰特華德油管公司自然就成了他的眼中釘。泰特華德公司從石油產地鋪了一條輸油管，直達安大略湖濱的威湯油庫。這給洛克菲勒帶來很大的威脅。不摘掉這條油管，實在令他寢食不安。

洛克菲勒想鋪設一條與之平行的油管。可是，油管必須通過巴容郡境，而巴容郡是泰特華德公司的勢力範圍。而且，泰特華德公司早就促使議會通過一條議案，聲明除了已經鋪設好的油管之外，不許其它油管鋪經該郡。

這是一個不小的難題。洛克菲勒苦思了許久，才想出了一條妙計。

一個沒有月亮的夜晚，巴容郡東北角突然來了一群大漢。他們手拿鐵鍬、洋鎬，只顧挖土，很快掘出一條溝來。接著又一個勁兒把油管埋入溝內並迅速填平。天還沒亮，他們已經全部完工。

第二天，當地人發現，美孚石油公司已在巴容郡安置了一條油管。當局準備控告洛克菲勒。此事也驚動了報界，記者們紛紛趕來採訪。洛克菲勒趁勢召開了記者招待會。在會上，他說：「郡議會的議案規定，除了已鋪設好的油管之外，不准其它油管過境。請大家到現場參觀一下，以判定美孚石油公司的油管是否已經鋪好。」

最終，郡議會自知議案不夠嚴密，被鑽了法律的漏洞，也只能徒呼無可奈何，官司只好不了了之。

二、美孚石油公司逃脫起訴的「假獨立」。

美國反托拉斯法通過以後，許多大企業被解散。美孚石油公司是全美數一數二的大企業，自然引起大眾注目。迫於輿論的壓力，國會中有些議員也叫嚷著要對美孚石油公司進行起訴。這一次，洛克菲勒也以為在劫難逃了，整天悶悶不樂，無精打采。

這時，公司的法律顧問中有一個青年律師，想出了一個絕妙的主意。他建議讓各州的美孚石油公司宣布獨立，如紐約美孚石油公司、新澤西美孚石油公司、加利福尼亞美孚石油公司、印第安納美孚石油公司……各家公司都各自有一名假稱獨立的老板，實際上還是由洛克菲勒所操控。

這青年律師為了這件事，連續一週，日夜工作，替各家公司設立獨立賬目，供參議院審查。最後，參議院表示滿意，不再提起訴之事。

猶太人如此「守法」，不能不叫人拍案叫絕。為此，現代的律師行業中，猶太人也大出風頭。以美國為例，高達三分之一的律師都是猶太人。可以想見，正是他們這種運用法律、善於「守法」的民族智慧促成了他們的成功

5 「逆向思維」巧用法律

赫爾姆城正下著傾盆大雨。

賽門撐著一把滿是破洞的雨傘站在街角避雨，以致頭髮、肩膀、襯衫都濕透了。

這時，好友賓傑走過那兒。

「喂！賽門老兄，你怎麼搞的？撐那種滿是破洞的雨傘呢？」

「我差不多快變成一隻落湯雞啦！」

「誰叫你撐那把滿是破洞的雨傘呢？」

「因為我預料今天不會下雨，所以才拿著這把傘出門的呀！」

「善用法律，巧於守法」是猶太人的專長，「倒用」法律的智慧更是他們守法智慧的最高境界。那種在不改變法律形式的前提下，變法律為我所用的工具或「盾牌」的猶太「用法」模式，值得我們每一個人善加學習。

精打細算是吝嗇嗎？

有一則笑話，就蘊含著這種「用法」思路。

一個猶太人走進紐約市的一家銀行，來到貸款部，大模大樣地坐了下來。

「先生，請問有什麼事嗎？」貸款部的經理一邊問，一邊打量著來人的穿著：豪華的西服、高級皮鞋、昂貴的手錶，還有領帶夾子。

「我想借錢。」

「沒問題！您要借多少？」

「一美元。」

「只需要一美元？」

「不錯，只借一美元。可以嗎？」

「當然可以。只要有擔保，再多借點也無妨。」

「唔！這些擔保可以嗎？」

猶太人從豪華的皮包裡取出一堆股票、債券，放在經理的寫字枱上。

「總共五十萬美元，夠了吧？」

「當，當然！不過，你真的只要借一美元嗎？」

「是的。」說著，猶太人接過了一美元。

「年息為6％。只要您付6％的利息，一年後歸還，我們就可以把這些股票還給你。」

「謝謝。」

猶太人說完，站起身，準備離開銀行。

一直在旁邊觀看的行長怎麼也弄不明白，擁有五十萬美元的人，怎麼會來銀行借一美元。他好奇地追上前去，喊道：

「這位先生，請留步……」

「有什麼事嗎？」

「我實在弄不清楚，你擁有五十萬美元，為什麼只借一美元？若是你想借三十萬或四十萬美元，我們也很樂意的……」

「請不必為我操心！只是，我來貴行之前，問過好幾家金庫，他們保險箱的租金都很昂貴。所以嘛，我決定在貴行寄存這些股票。租金實在太便宜了，一年只須花6美分！」

這雖是一則笑話，現實中不太可能發生，但這樣精明的笑話，也只有精明的猶太人想得出來。它不僅是盤算上的精明，更是思路上的精明。貴重物品的寄存，按常理，應該放在金庫的保險箱裡。對許多人來說，這是惟一的選擇。但猶太商人沒有囿於常情常理，而是另闢蹊徑，找到讓證券等鎖進銀行保險箱的辦法。從可靠、保險的角度看，兩者確實沒有多大的區別，除了收費不同。

這就是猶太商人在思維方式上採取的所謂「逆向思維」。

通常情況下，一般人是為借款而抵押，總是希望以盡可能少的抵押爭取盡可能多的借款。而銀行為了保證貸款的安全或有利，從不肯讓借款額接近抵押物的實際價值。所以，一般只有關於借款額上限的規定，其下限根本不予規定，因為這是借款者自己必須酌量的問題。

然而，就是這個銀行「委託」借款者自己管理的細節，激發了猶太商人的「逆向思維」：為抵押而借款，借款利息是他不得不付出的「保管費」。既然沒有借款額下限的規定，當然可以只借1美元，從而將「保管費」降低至6美分的水平。

這樣一來，銀行在1美元借款上幾乎無利可圖，而本可由利息或沒抵押物上獲得的抵押物保管費也只區區6美分，純粹成了為猶太商人義務服務，且責任重大。

這個故事本身當然是個笑話，但擁有50萬美元資產的猶太商人在寄存保管費上精打細算的做法決不是笑話，猶太人藉由「逆向思維」，巧用法律的這套思路恰恰反映出他們的絕頂聰明。

6 合法的歪點子

喬修走到拉比那兒。

「拉比啊！我犯了一項大罪。因為我受不了痛苦不堪的生活，所以偷了六支蠟燭。」

「什麼？你竟然偷了六支蠟燭？那是違反摩西十戒的大罪呀！為了表示悔過以及贖罪，你就捐獻六瓶上好的葡萄酒吧！只要我喝過那些葡萄酒，你的罪行就可以完全洗滌殆盡啦！」

「我說拉比啊！那是強人所難的一件事情。我就是因為生活太艱苦，方才偷了六支蠟燭。在這種情況之下，我哪來購買高級葡萄酒的錢呢？」

「那是再簡單不過的事情啊！你可以用取得蠟燭的『那種方式』，再去取六瓶葡萄酒呀！」

瞞天過海的商業法則

強尼是美籍猶太商人，在商界摸爬滾打已經三十多年。所以，他對經商中逃稅避稅的技巧頗有研究，對美國海關的各項規章制度更是了如指掌。

曾經有一段時間，要進口法國女式皮手套，必須繳納高額進口稅。因此，這種手套即使在消費水平極高的美國，售價也很昂貴。強尼為了賺筆大錢，跑到法國，買了一萬副最高級的女式羊皮手套。怎樣把這批手套運到美國，又能逃避那高額進口稅呢？他為此費盡心思，苦苦想了幾天。終於，他想出一條妙計。他把這一萬副手套化整為零，仔細地把每副手套都一分為二，將其中的一萬隻左手手套打成一大箱，發往美國，另一萬隻右手手套則暫且存放好。

一九九五年九月，美國海關提貨廳裡箱包堆積，人來人往。在牆角躺著一個木箱，一直無人過問。這是從法國寄來的一箱貨物，看上去很普通，和其它貨箱沒什麼兩樣。奇怪的是，直到超過了提貨期限，仍不見貨主前來提取這個貨箱。

根據美國海關的有關規定，凡是超過提貨期限的貨物，海關有權將其視為無主貨物，拍賣處理。

一天，海關人員把貨箱打開，發現裡面裝的是一批法國製的女式皮手套。海關人員非常訝異。因為這批手套不僅用料上乘，作工精美，而且款式獨特，顏色各異。總計有一萬隻。當時，在美國，這麼高級的羊皮手套，價格極為昂貴。為什麼無人領取呢？更令海關人員費解的是，這一萬隻手套竟都是左手的。他們按照慣例，把這一萬隻左手手套全部送到了拍賣行。

在拍賣行裡，強尼迅速以低價將這批手套全部購買。

一萬隻左手手套順利拍賣出去，海關當局意識到這裡面一定大有文章。因此，海關警方祕密下達了指令：從現在起，務必嚴加防範。他們推測，一定會有一批右手手套運到港口。屆時，若發現單隻手套或其它可疑的情況，海關人員必須立即上報。這次絕不能讓那個狡猾的進口商得逞。

自警方下達祕密指令之後，各個港口，海關都設立了專門小組負責此案，晝夜24小時都有專人值班，對每批貨物都進行嚴格檢查，以防漏網之魚。

一個多月過去了。在此期間，曾有幾批裝盛手套的貨物經過海關，海關人員都開箱詳加檢查，結果卻都大失所望。這些手套都成雙成對，和那一萬隻左手手套毫無關聯。由於未發現任何可疑的跡象，也未再看到那個曾在拍賣行露過面的得標人，因此，海關人員對上級的密令開始產生懷疑，對繁瑣的海關檢查手續感到厭倦了。就在此時，那批手套的進口商強尼開始行動了。

自從第一批貨物發出之後，強尼已料到此舉一定會引起海關警方的注意。因此，他故意遲遲不發第二批貨，使兩批貨間隔一個多月，為的是麻痺海關警方，使其產生錯覺，以便趁機蒙混過關。

為了使第二批貨順利通過海關，他採取了和第一批貨不同的郵寄方法，改變了包裝。他把一萬隻右手手套分別按照大小、顏色、款式，每兩隻裝在一個盒子裡。這些盒子都是原包裝盒，長方形，裡面用一層塑料透明紙包著精緻的手套。盒子的外觀設計也非常漂亮，上面還清楚地標明了生產廠家、註冊商標、統一編號、出廠日期、使用說明等等，看上去完全符合產品銷售的程序規範。他共用了五千個盒子，把這一萬隻右手手套全部裝好，然後立即發運美國。

他考慮到，貨物一到目的地，正是銷售手套的大好時機。為了迅速脫手，加快資金的周轉，他已預先和幾個批發商、零售商分別談妥，使這一萬副手套同時在各地上市。所以，只等貨物一到，就算大功告成。

事情的發展果然如他所料，第二批貨到達海關後，海關人員一看，一個盒裡裝兩隻手套，肯定是一副，再加上包裝如此精緻美觀，一切手續又完備，所以一路綠燈放行。強尼得意地取得貨物，只繳納了五千副手套的關稅，再加上第一批貨拍賣時所付的那一小筆錢，就把一萬副手套弄到手了。

十月中旬，一批法式高級羊皮手套出現在美國市場。儘管價格並不便宜，但由於作工講究、樣式別致、尺碼齊全，深受各界女士青睞；加之氣候適宜，正是暢銷的最佳時節，因此這一萬副手套很快被搶購一空。

巧用國籍的猶太商人

在美國紐約市的一座大廈裡，有一家羅恩蘇坦公司，由一位叫羅恩蘇坦的猶太人所開設。這位老板雖然在美國居住和經營著龐大的珠寶業務，但他沒有美國國籍，而是列支敦士登國人，公司總部也設在列支敦士登。

羅恩蘇坦所經營的業務遍及世界各地，他的紐約公司從早到晚，不停地編製發向世界各地珠寶商的付款通知單和收據。根據業務的需要，公司每天收取的貨款和盈利，可以記入他在美國的公司，亦可以記入列支敦士登籍的公司，甚至可記入他在英國、法國、瑞士的公司賬裡，一切根據自己的需要而定。這種做法，是否始於猶太商人，有待考證，但今天的各國跨國公司已普遍如此運作。

羅恩蘇坦為什麼把自家公司的總部設在列支敦士登這樣的小國呢？這是他經商手法的一大祕訣。

列支敦士登公國〈The Principality of Liechtenstein〉位於阿爾卑斯山脈中段的山谷裡，在瑞士和奧地利之間，面積一百六十平方公里，人口3.2萬（包括1.05萬外籍人士）。第二次世界大戰之前，它是個貧窮落後的農業國。今天，這個小國已成為世界上經濟發達的國家之一。原因有多方面，最主要的是它大量吸納國外資金。這個小國共有三家銀行。為了吸引外資，銀行受立法保護，為儲戶嚴格保密；政府對外國公司徵收的稅率很低，只有0.1％。因此，目前在這個國家的外國公司和代理機構有五萬多家，它們把在世界各地賺到的錢存在這裡。

列支敦士登還有一種吸收外資的辦法——出售國籍。外國人只要花一點錢，就可以買個列支敦士登國國籍。並且，對窮人、富人一視同仁。不管你收入多少，每年只需付出二百五十美元就可以了，再不用繳交其它稅金。如此一來，外國公司便如雨後春筍般，在這塊巴掌大的土地上紛紛成立。

猶太商人很善於掌握世界各地的市場行情，類似列支敦士登這樣的國家，自然成為他們的目標。利用其國籍開展跨國經營，其奧妙自是不言而喻。

猶太人巧用國籍的本領，與猶太民族兩千多年來屢受迫害且一直過著漂泊的生活有關。失去家園之後，他們流散到世界各地，尋覓著能夠生存和發展的地方。在一些地方，他們扎下根並施展了自己的才華；在另一些地方，他們遭到歧視、迫害，甚至被沒收財產，慘遭殺戮。在一些地方，對他們而言，是經商的天堂；在另些地方，卻苛捐雜稅多如牛毛……

世界各地千差萬別，各國的環境和條件很不一樣。在漂泊的生涯中，選定哪裡為立足點，猶太人慢慢有了自己的經驗。特別是猶太商人，逐漸懂得利用國籍，為自己的生意找出路。現在這已發展成猶太人的一種生意經了。

自十七世紀中葉開始，猶太人逐步移居北美。最初僅有西班牙語系及葡萄牙語系猶太人二十多人乘船到達曼哈頓島。其後，猶太人發現美國是最適合自己生存發展的地方，便陸續從世界各地奔赴這個新國家。美國成了他們開拓榮景的樂園。

7 巧妙的局部守法手段

天主教的神父跟猶太教的拉比在交談。

「擔任一名拉比最沒出息啦！因為拉比無法升級。」天主教的神父說。

「你說這話是什麼意思？」拉比問。

「你何必明知故問呢？拉比窮其一生只是拉比罷了，根本就不可能升級。天主教的教會就不同啦！神父的地位可以節節高升。首先，可成為教區長，接下來又可以升任地區主教，再下來嘛……是樞機主教……」

「那又能如何呢？」

「樞機主教上面有高級樞機主教。高級樞機主教上有大樞機主教。反正啊！地位將逐漸的上升。」

「上升又如何呢？」

「噢……我的天哪！」神父感嘆了一聲：「上面還有教皇啊！而且啊！天主教神父只要拚命做事，一旦運氣夠好，就有成為教皇的的可能性。」

「那麼，教皇上面又有什麼呢？」

「你笨透啦！教皇已經是最高的地位啦！教皇上面只有耶穌基督呀！」

「猶太人雖然不能成為教皇，可是卻能變成耶穌基督呀！」

「局部守法」是巧妙利用整套法律中對自己有利的部分，在形式上沒有觸犯法律的情況下，順利避開法律條文中對己不利的部分。對於法律或其它任何約定，除了利用這種肢解之後區別對待的辦法之外，還有一種技巧——就是「倒用法律」。

盯上日本的高速外滙成長

一九六八年前後，日本經濟高速發展，國際貿易呈現順差，日元在西方金融市場上日益堅挺而美元日顯疲軟。作為日、美兩國經濟狀況指標的美元與日元的比值出現重大的變化。其重要跡象之一為：日本的外匯儲備，即美元儲備越來越多。

一九七〇年8月，日本的外匯儲備約35億美元。這是日本全體國民戰後25年辛勤工作的累積。可是，從10月份開始，外匯儲備更是成億成億地往上攀升。先是每月二億，繼之，12月份出現4億美元的盈餘。一九七一年3月出現6億盈餘，月結餘12億，8月甚至結餘46億。一個月積累的外匯就超過了戰後25年的儲備！

就這樣，不到一年的時間，日本的外匯儲備由35億美元猛增到129億美元，最後達到130億美元。

對此，日本政界、新聞界，還有商界中的大多數人，都陶醉於良好的自我感覺之中：「這是日本人勤勞的象徵。因為日本人勤奮工作，才積攢下這麼多外匯。」

然而，猶太人卻暗暗發笑，邊笑邊調集一切資金，向日本大量拋售美元。因為他們知道，日元的升值是遲早的事。只要日本的外匯儲備超出一三〇億美元，這個時候便會來臨。他們評估：美元與日元匯率的大幅度變化是一個發大財的機會。所以，他們甚至向銀行貸款，向日本拋售美元。

對猶太人的動作，反應遲鈍的日本政府一直弄不明白是怎麼回事，國會只知道辯論這些流入日本的外匯會不會對日本經濟造成破壞。一些議員振振有詞地說：「外國人搞投資，絕對賺不了錢。即使賺了錢，也要納稅。」他們不知道，身在海外的猶太人雖然對交稅挺認真，但根本沒有辦法向日本政府納稅。至少，在他們看來是這樣。因為日本雖然訂有嚴格的外匯管理制度，想靠在外匯市場上搞買空賣空式的投機，確不可能，但自以為精明的日本人還是想差了一著，他們眼中那周詳嚴密的外匯管理制度，猶太人卻發現了一個大漏洞——當時的「外匯預付制度」。

「外匯預付制度」是日本政府在第二次世界大戰結束之後，特別需要外匯的時期頒布的。根據此項條例，對那些已簽訂出口合約的廠商，政府提前付給外匯，以資鼓勵。另外，條例中還有一條規定——允許解除合約。

猶太人就是利用外匯預付和解除合約這項條款，堂而皇之地將美元賣進實行封鎖的日本外匯市場。他們採用的辦法是：先與日本出口商簽訂合約，充分利用外匯預付款的方式，將美元賣給日本。這時，他們還談不上賺錢。然後，他們耐心等待。待日元升值，他們再以解除合約的方式，將美元買回來。一賣一買，他們利用日元升值造成的差價，便可以穩賺大錢。

直到日本的外匯儲備已達到129億美元，日本政府才如夢初醒，意識到有中了這種詭計的可能。3月31日，終於停止了「外匯預付制」。不過還留了一條尾巴，允許每天成交1萬美元。最後，到外匯儲備達到150億時，日本政府不得不宣布日元升值，由當時的360日元兌換1美元，提高到308日元兌換1美元。這意味著，猶太人向日本每賣出買進1美元，就可以白白賺取52日元，贏利率超過10％。難怪事先就有猶太人聲稱：即使以10％的利率向銀行貸款，也有利可圖！

事後據粗略統計，日本政府的損失高達四千五百三十億日元，平均每個國民承擔差不多五千日元，其總值相當於日本菸草專賣公司一年的銷售額。

只要不違法，賺錢手段一點也不留情

據日本商人藤田田說，這筆錢是猶太人賺去的。因為自始至終，猶太人都不停地向他打聽日本外匯市場的變化。到底猶太人賺了多少，很難統計。但確如日本商人所說，只有猶太人才有能力調動如此規模的現金。

據說，藉此發了財的猶太人當中，還有人感慨地說：「想不到日本政府這麼愚蠢，愚蠢到不要說及早關閉外匯市場，就是連按原比值退還預付款的辦法也不敢拿出來用。」

按理說，「外匯預付制度」本是為了促進日本商人開展外貿而訂立。接了國外訂單，盡早拿到外匯，就可以及時進口所需的原料配件等等，從而確保按期交貨。何況企業拿到預付款，還可以減少資金佔用，何樂而不為！

而且，順著看過去，允許解除合約，本是交易場上的常例，本身不是什麼十分明顯的漏洞……除非碰上了日元大升值這種情況。卻不知，猶太人看中的，就是在大變動下原先不成其為漏洞的規定很可能成了大漏洞。要利用這種漏洞，最佳辦法就是倒用日本的法律。

日本政府是為了幫助本國商人做成生意而允許預付款和解除合約。到了猶太人手裡，成了為預付款和解除合約而做生意。猶太人在簽訂合約和預付款時，已經打定主意，不要貨物，只要美元。也就是說，他們是為了要回更多的美元，藉由做生意，賣出買進一回。在這場日本人蝕本的交易中，可以看作兩種文化之比較的一個極佳個案。

日本人外表溫文和善，內心卻緊張激烈得厲害，動不動就切腹自殺，似乎就沒有其它排洩緊張的有效方式了。這樣一個民族，心理上自然就像一隻逸出籠子的兔子，只知一味地向前飛逃而不敢回頭看一眼。

猶太人則相反。這是一個相對來說，內心平和得多的民族。越是經歷坎坷，他們越是對自己多方安慰。「倒講歷史」就是他們常用的一種方法。

猶太人老是說，耶和華應許了他們迦南之地，會幫他們把周圍的其他部族趕走。但歷史上的事實是：這些部族還在，猶太人自己倒成了「巴比倫之囚」。

於是，猶太人反過來說：這些部族，尤其是常常弄得猶太人極不愉快的部族，是耶和華上帝特意留下來，以免猶太人和平日久，不知戰事、不習戰事。

對歷史事實尚且可以用這種倒果為因的說詞來解釋，對異國的條例用顛倒「目的——手段」的方式，不是更得心應手？

8 毀約卻不違背法律的智慧

阿布拉經營養雞場，事業做得非常成功。

雞是猶太人最喜歡的食物。他們一提起母親就會想到雞湯，由此就不難想像，雞乃是猶太人不可或缺的食物。

以事實而言，阿布拉是非常的成功，不過他的品性並不好。雖然他總會在星期五的猶太教會假裝是很虔誠的猶太教徒。

有一天，拉比叫住阿布拉說：

「我說阿布拉先生，最近有很多人說你不檢點，我實在替你擔心。」

「絕對沒有那回事呀！您也知道，每星期五我都上猶太教會。同時，每天早晨都不忘閱讀聖經。」

「我說阿布拉先生啊！你每天都到養雞場，可是你並沒有變成雞呀！」

奉獻不一樣

「不能隨便許諾！」這當然是一句至理名言。

三千多年前上帝的一個許諾，鬧得以阿衝突一直沒辦法收場。但是，有時候，人在許諾時根本無法預見可能出現的結果，而這種結果偏偏又出現了。那麼，當守約成了一個不可能解決的難題時，該怎麼辦呢？活活讓尿給憋死嗎？不，猶太人另有辦法——

從前有個國王，他只有一個女兒，十分疼愛。

有一次，公主得了重病，百般醫治無效，已經奄奄一息。束手無策的醫生告訴國王，除非馬上得到神藥，否則，公主就沒有希望了。

國王焦急萬分，趕緊在京城貼出布告，宣布：

「無論什麼人，只要能夠治癒公主的疾病，就將公主嫁給他，並立他為王位繼承人。」

在很遠的地方有兄弟三人，其中老大身上有一隻像現代的望遠鏡那樣的千里眼。國王的布告正巧被他看到了。他便同兩個弟弟商量，想個什麼法子治癒公主的疾病。

兩個弟弟也各有自己的寶貝。老二有一張會飛的魔毯，可以做交通工具；老三有一顆魔力蘋果，不管什麼病，吃了它，就會馬上痊癒。

於是，三兄弟商量停當，就一起乘著魔毯，帶著蘋果，飛到了王宮。

公主吃了蘋果之後，果然迅即恢復了健康。國王大喜過望，立即命人準備宴會，要向全國宣布已選定的駙馬。

可是，國王只有一個女兒，治癒公主的卻是兄弟三人。讓公主嫁給誰呢？

老大說：「如果不是我用千里眼看到布告，我們根本不可能想到要來這兒為公主治病。」

老二說：「如果沒有魔毯，這麼遠的地方，想來也來不了的。」

老三說：「如果沒有魔力蘋果，即使來了，也治不好病啊！」

聰明的讀者，如果你是那位國王，你會選三兄弟中的哪一個做駙馬？

而國王宣布：「駙馬是拿蘋果的老三。」

理由是：有千里眼的老大仍然擁有千里眼，有魔毯的老二仍然擁有魔毯，而原先擁有蘋果的老三，因為已經把蘋果給公主吃了，便什麼也沒有了。

《塔木德》上就說：「一個人要為人服務，最可貴的是能夠把身上的一切奉獻出來。」

就事論事，《塔木德》上的那句道德格言確有道理。但是，從守約的角度把這則故事剖開來看，可以發現，《塔木德》使了一個小手腳。國王的布告實質上就是一項許諾，在猶太人看來，它已具有「法律」意義，必須兌現。布告中本來說好，誰治好公主的病，公主就嫁給誰。現在，三兄弟中每個人都為此出了力，而且，確如他們所說，都出了一份不可或缺的力。所以，每個人至少都有一份權利，可以要求成為駙馬。

但是，公主只有一個，既不可能一分為三，也不可能「一女事三夫」。要是單獨嫁給其中一個，又意味著對其他兩人的失信，也就是「違約」，這同樣是猶太律法所不允許。

因此，國王無論怎麼做，都會面臨違反律法的可能。為了避免這一不可避免的結局，《塔木德》另找了一條標準——不看誰在治癒公主的疾病這件事上「貢獻」最大，而看誰的「奉獻」最大。

「貢獻」與「奉獻」雖只有一字之差，卻相去甚遠。貢獻是相對於行為的結果與受惠者而言，也就是國王從其自身「得利」的角度做出的評價；奉獻則是相對於行為過程和施惠者而言，也就是國王從對方的「受損」角度做出的評價。所以，把「貢獻」改成「奉獻」，實質上是切換了評價標準，從而改變了國王許諾的內容。

進一步說，在猶太的價值體系中，同樣作為評價的標準，「奉獻」的地位本就高於「貢獻」，將「奉獻」置於較「貢獻」優先的地位，當然合理合法。既然如此，改變許諾兌現的條件，也就「有法可依，有理可據」了。

9 讓違約者得到教訓

以猶太教的葬禮來說，人們都悲嘆不已，顯得又悲傷又沉默、黑色的葬禮更是叫人心情十分低落不已。

相對的，天主教的葬禮裡面，有人捧著聖像，司祭穿著漂亮的祭服，又唱歌又喝酒，顯得很熱鬧。

有一天，猶太教的拉比與天主教的神父在街頭碰面，神父有點不屑地對著拉比說：

「為什麼你們的葬禮顯得那樣悲慘呢？我們都認為死亡是蒙神的寵召，所以嘛！除了悲傷以外，還帶著一些喜悅。」

「所以嘛！比起猶太教的葬禮來，我還是更喜歡看天主教的葬禮。」拉比如此的說。

猶太人之所以善於在談判訂約的過程中與對手鬥智較勁，同他們本身信守合約的習慣有關。

越是守約的人，合約對他的約束力越強，他對訂約也越是重視。因為訂約之時，一切尚未決定，彈性空間還大得很，到底受不受約束，受多大的約束，仍可商量，主動權還在自己手中。一旦簽了約，活的東西成了死的東西，哪怕再吃虧，也由不得自己，也只能不折不扣地去履約。不像那些習慣於不守約的人，訂約時根本不多費腦子，反正先簽下來，只要油水撈夠了，就毀約了事。

猶太人訂約時認真，守約時認真，要求對手履約時也同樣認真。但這種要求如何落到實處呢？尤其是對於那些（一）不信上帝，（二）沒有為守約而守約的信念，（三）可以說也沒有守約之習慣的人，怎樣才能使他們不敢違約呢？

問題是罪的本身，而不是針對人

猶太人想得很明白，一個人之所以膽敢違約甚或毀約，多半是因為他可以藉此得利。既然如此，那麼，只要使違約或毀約者的得利之思化為泡影，甚至得不償失，就可以制止違約的行為了。更進一步，如果這種方式能夠制度化，說不定就可以防止違約念頭或盤算的出現。所以，對違約者的懲罰，必須落在這個實利上。

下面這則《塔木德》寓言，就隱喻了這層意思。

很久很久以前，有個漂亮的姑娘和家裡人一塊出外旅行。途中，姑娘離開家人獨自散步，不知不覺中走到了一口井邊。

當時，她正覺得口渴，就舉著吊桶，下到井裡喝水。結果，喝完了水，卻攀不上井來，急得大聲哭喊著求救。

這時，剛好有個青年打這兒路過，聽見井下有人哭喊，便設法把她救了上來。藉此因緣，兩個人竟然一見鍾情，都表示要永遠相愛。

有一天，這個青年不得不出外旅行。臨行前，特地到姑娘家見她，和她道別，雙方並且約好，不管等待多久，也一定要同對方結婚。

兩人訂下婚約之後，正想著應該請誰來擔任證人，姑娘剛好看見一隻黃鼠狼從他們面前走過，跑進了樹林，便說：「那隻黃鼠狼和我們邂逅的那口井，就是我們的證人了。」

之後，兩個人依依相別。過了許多年，姑娘一直守著貞潔，等待未婚夫的歸來。可是，他卻已在遙遠的他鄉結了婚，生了孩子，過著快樂的日子，完全把原先的婚約遺忘了。

一天，孩子因為玩得很累，躺在草地上睡著了。這時，一隻黃鼠狼剛好經過，咬了孩子的脖子，孩子就這樣死了。他的父母都非常傷心。

後來，夫妻倆又生了一個孩子。這男孩長大了，會自己到外面玩了，有一天，來到一口井邊，為了觀看井下水面上映出的影子，一不小心，竟掉落井裡，溺死了。

到這個時候，那青年終於記起了從前和那位姑娘的婚約，當時的婚約證人正是黃鼠狼和水井。

於是，他將整件事都告訴了妻子，並同她離了婚。然後，他回到姑娘所住的村子。她還在等著他。兩個人終於結了婚，過著幸福的日子。

很明顯，這是一個在神的見證之下，訂立的合約（婚約）得到履行的故事。可是，故事中，對違約行為的懲罰不是直接落在違約者本人的頭上，比如讓他喝醉了酒掉進井裡淹死，或讓黃鼠狼咬了他，得狂犬病不治而死（不過，證人黃鼠狼的小命也得搭進去），卻是讓兩個無辜的孩子當替罪羊，讀來難免於心不忍。

其實，這本是一個勸人為善、守約的寓言，其寓意根本上在於無論如何要使合約得以履行。要是讓違約人一死了之，那就既不符合猶太人「憎恨罪，但不憎恨人」的信條，履約也徹底沒了希望，守約的姑娘只好白受損失，空守閨房一輩子。

所以，故事就毫不憐惜地讓懲罰落在違約行為所帶來的附加價值，即兩個孩子身上。在這裡，孩子只是一種象徵，喻指違約行為的首要成果。（猶太人之重視子嗣，恐怕舉世惟有倡導「不孝有三，無後為大」的中國古人才可相比。這也是寓言中沒有把「娶過一個妻子」看作首要成果的原因。）這就從根本上抽去了違約行為的內在意義，使它成為一項純粹的無謂之舉，甚至是自討苦吃之舉。那「違約」者不是兩次獲得「盈利」，而又兩次從「幸福」中墜入痛苦之境嗎？

從這個關鍵入手，可以說是對「違約人」最有效的懲戒。

現實生活中，猶太人對內部的違約者採取的是逐出教門的辦法。生意場上，一個受到猶太共同體排斥的不守信用的「猶太人」，就很難再生存下去（以生意人之身生存下去之意）。

面對的對手若非猶太人，猶太人會毫不容情地向法院提出告訴，要求強制執行合約，或者迫對手賠償損失。另一方面，猶太共同體會相互通報，以後絕不再同此人做生意。既然國際貿易歷來是猶太人最為得手的領域，那麼，遭到猶太人排斥，離被趕出「世界交易場」的日子也就不遠了。

這種規矩一旦確立，並行之有效地堅持下去，就會對一切貿易或商務夥伴產生一種威懾力，使得非猶太人在與猶太人打交道時，不能不重信守約，儘管他以前甚或以後在其它場合，還是可能守不了約。

這實際上表明，猶太人的經商智慧不僅同商業世界的內在規律相吻合，而且足以改變其他人的經商模式，使之接受猶太人的規範。就此而論，不能不說是猶太人對商業世界「遊戲規則」的一種積極的貢獻。

Lesson 05

信用是商人最佳的通行證

在市場上是買不到好運和魅力的，

唯有信用才能通行無阻。

1 做生意熟不熟都要講信用

年老的猶太老爹達畢跟隨兒子移民到美國，移民到美國以後才知道大名鼎鼎的愛因斯坦也是猶太人。於是，他如此對兒子說：「我說曼塞斯啊！跟咱們同樣是猶太人的愛因斯坦，據說非常有名，而那他的所謂『相對論』又是什麼玩意呀？」

「爸爸，所謂『相對論』，乃是二十世紀最重要的理論。正因如此，愛因斯坦才獲得諾貝爾獎。他也是進入二十世紀後，世界最偉大的學者。簡單的說，相對論就像您抱著孫兒小塞斯，雖然經過了三十分鐘，但是在感覺裡，好像只有一分鐘似的！如果你一時大意坐在火爐上的話，即使只有一分鐘的時間，你也會感覺到彷彿是三十分鐘之久……這就是所謂的『相對論』啦！」

「真的呀！他的運氣太好啦！只說了這些蠢話兒就變成家喻戶曉的人物，

美國真是一個好地方，真是太了不起啊！」

有句話說得非常好：「人最大的痛苦不是被人欺騙，而是不被人相信。」意思是說：取信於人是一個人一生中最重要的行事準則。

如何做到取信於人呢？誠信第一是取信於人的起碼要求。

在猶太人的商旅生涯當中，他們遭受過無端的打擊和歧視，也遇過無數精心安排的謊言和圈套。但他們始終篤信上帝的教誨：遵守約定，誠實為人，死後方能上升天堂。

在商業領域，他們更深刻地體會到：取得別人的信任是交易順利完成的基礎。猶太人遵守約定，但他們並不是千篇一律地簽訂書面合約。無論是書面協議，還是口頭承諾，只要他們承認了約定，就會不折不扣地遵守。猶太人這種重信守約的美德，為他們贏得了極高的聲譽。

對於商業行為，《塔木德》訂定了許多規則，嚴格禁止涉及欺騙的宣傳或非法的推銷手段。比如：不能刻意把奴隸裝扮起來，使其看起來更年輕、更健壯，更不能把家畜塗上顏色，以蒙騙顧客。而且，貨主有向顧客全面客觀地介紹所賣商品質量如何的義務。如果顧客發現商品出了事先未得到說明的問題，有權要求退貨。在定價方面，儘管當時沒有統一的標準，需要雙方自行商定一個合理的價格，但一般來說，商品多少還保持在一定的價位上。因此，賣主若因買主不知行情，心生歹念，使商定的價格高出一般水平 10%以上，則依規定，此交易自動失效。

這些規定，在現在看來，也許再平常不過，但是，《塔木德》形成於世界上大多數民族還處在農耕社會的時期，它能預見未來社會以商業和貿易為主，並闡述這些誠信經商的道理，確實是極富先見之明。

猶太商人從不做「一錘子買賣」。那種「只要每個人上我一次當，我就可以發財了」的想法，在他們看來，無異於自取滅亡。按理說，猶太人沒有自己的家園，被人到處驅來逐去，應該很容易在生意場，甚至在與人交往中，醞釀出「打一槍，換一個地方」的短期策略和打游擊戰術。然而，實際上，猶太人絕少這種劣跡，反倒信譽卓著，其經營的商品或服務都屬上乘佳品，從不以次品充好。為什麼？除了猶太商人的文化背景，如以「上帝的選民」自居，有重信守約的傳統之外，更因其將流動不居的生存狀態與商業活動的規律相結合，從中悟出了什麼是真正的經商之道。

馬克斯—斯賓賽百貨公司

英國最有名的百貨公司「馬克斯—斯賓賽百貨公司」。是由一對姻親兄弟，西蒙・馬克斯和以色列・西夫所創立。

西蒙的父親米歇爾於一八八二年從俄國移居英國。最初，他當了個小販跑街。後來，他在利茲市場上開了個鋪子。再級來，這鋪子發展成連鎖廉價商店。米歇爾於一九六四去世。其後，西蒙和以色列將這些連鎖商店進一步發展成資金更加雄厚、貨物更加齊全，具有類似超級市場之功能的連鎖廉價購物商場。

馬克斯—斯賓賽百貨公司雖以廉價為特色，但非常注重質量，真正做到了「價廉物美」。用一些報紙上的話說，這家公司等於引發了一場社會革命。因為原先從人們的穿著上可以區分出不同的社會階層，自從馬克斯—斯賓賽公司以低廉的價格提供製作考究的服裝，使得尋常人花錢不多，就可以穿得像個紳士或淑女，以「貌」取人的價值觀也隨之根本動搖。

今天，在英國，這家公司的商標「聖米歇爾」已成了優質品的標記，一件「聖米歇爾」牌襯衫是以盡可能低的價格所能買到的最優質的商品。

馬克斯—斯賓賽百貨公司不但為顧客提供最適意的商品，還提供最好的服務。

公司的售貨員禮貌之周到，在素以彬彬有禮聞名的英國成為一種典範。西蒙和以色列在挑選職員時，就像挑選所經營的商品一樣一絲不苟。高素質的員工和高水平的服務使這家公司成了「購物者的天堂」。

西蒙和以色列不但處處為顧客著想，而且非常照顧公司的職工。他們對職工的要求極高。相對地，他們為職工提供的工作條件，在所有同質的行業中，也屬於最好者之列。除了職工的工資最高之外，還為職工設立保健和牙病防治所。由於所有這些優越的條件馬克斯－斯賓賽百貨公司被人稱作「一個私立的福利國家」。

西蒙和以色列的經營理念為顧客和職工想得這麼周到，其直接的效果就是造就了國內同行業中最有效率的企業，吸引了大量的投資者。

希爾斯．羅巴克百貨公司

同為百貨零售企業的美國「希爾斯．羅巴克百貨公司」採取的也是同樣的經營宗旨，甚至在對待顧客和職工的優惠方面更有過之而無不及，並將這種恩澤施向整個社會，做到了與整個社會和諧共存。

朱利葉斯．羅森沃爾德是藉由投資而擔任希爾斯．羅巴克公司的總裁。他是一個德國移民的兒子，曾在叔叔的百貨公司工作。後來，他得知希爾斯・羅巴克公司正在向外徵求融資，遂以37530美元的投資，約佔融資總額的四分之一，進入公司董事會。一九一〇年，公司總裁，也就是公司的創立人理查德・希爾斯退休，總裁之職由羅森沃爾德接手。

羅森沃爾德以價廉物美作為其經營的宗旨。公司銷售的商品有許多都是企業集團自行生產，因此成本可以降低，質量也得到了保證。但希爾斯・羅巴克百貨公司成功的真正絕招，還在於羅森沃爾德所制定的一條規約：「不滿意，可以退貨。」這條商業最高道德最實在的體現，現在已經成為許多商店標榜的準則，在當時卻是聞所未聞。羅森沃爾德很可能是第一個將商業信譽提到如此高度的人。

希爾斯・羅巴克百貨公司以其商品的質量、價格、本身的信譽，以及對市場的精確預測，得到廣大消費者的熱烈歡迎。公司的商品目錄在羅森沃爾德逝世之前，已發行了四千萬冊，幾乎每個美國家庭都可見到。

觀察家普遍認為，這一連續出版的商品目錄，幾乎構成美國的一部社會史，從中可探知美國人審美趣味和願望的發展，而這樣的發展，有相當一部分是由希爾斯・羅巴克公司預測到，甚至造就的。

希爾斯・羅巴克百貨公司經營良好，贏利豐厚。羅森沃爾德最初投資三萬七千五百美元，三十年後，其資產達到了一・五億美元。在這樣的財力支持下，羅森沃爾德廣泛從事慈善活動。他曾為二十八個城市的「基督教青年聯合會」和美國南方的一些貧困地區建立鄉村學校提供資助，為解決芝加哥黑人的住房問題出資二七〇萬美元。

另外，他還分別為芝加哥大學、芝加哥科學和工業博物館捐贈五百萬美元。一九一七年，他創立了擁有三千萬美元基金的「朱利葉斯・羅森沃爾德基金會」，並規定，基金的本利必須在他去世之後二十五年內用完。

猶太商人篤信一個信條：猶太人在哪裡生活，就應該在哪裡生根。他們不但誠信經商，也與非猶太人和諧相處，甚至用自己的財富和實業去幫助、去庇護猶太同胞或非猶太人。他們相信，只有以誠相待，取信於人，猶太人才能擁有朋友。也惟有如此，猶太民族的復興才能最終獲得成功。

2 每一次生意都是初次交易

小學生傑明從學校回家後，就對他的父親說：

「爸爸，今天全班除了我以外，沒有人能夠回答老師提出的問題。」

聽了這句話，父親堆滿了笑容問：

「阿傑啊！好厲害哦！真的只有你會回答老師的問題嗎？孩子的媽，妳趕快來聽聽！」

父親叫母親過來，對她說：

「今兒個，咱們家的阿傑回答了全班都無法回答老師的問題呢！」

「乖！乖！阿傑真聰明，快告訴媽媽，那是什麼問題呀？」母親閃亮著眼睛問。

「老師問我們全班：『誰打破了玻璃？』就是這個問題而已。」

生意場上最忌諱的就是輕信別人。

有句話說：「不怕一萬，就怕萬一。」它提醒世人，做事務須謹慎，千萬不可因為有了多次經歷之後，就不再那麼警惕了。在商業活動當中，商人之間都以利益維繫，一日一不注意，就可能受騙上當。金錢的關係往往會把人的良知和道德扭曲。因此，我們看到了那麼多商海騙術上演——一方可能由巨騙變成巨富，另一方就可能傾家蕩產，欲告無門。

理性與感性

猶太人的生意經中有一條叫「每一次都是初交」，講的就是「切忌輕信」。意思是說：要把每一次生意都看作與對手第一次打交道，不要因為對方先前與你有所來往就放鬆警惕，更不能被對方外表的真誠所迷惑。

有一天，一位日本商人請一位猶太畫家上銀座餐廳吃飯。賓主坐定，畫家趁著上菜之前，取出紙筆，給坐在邊上談笑風生的餐廳媽媽桑畫起速寫。

不一會兒，速寫畫好了。畫家遞給日本商人看。技巧不錯，畫得很有媽媽桑的神韻丰彩。

日本人連聲讚嘆：「太棒了，太棒了！」

聽到朋友的奉承，猶太畫家轉過身來，面對著他，又在紙上勾畫起來，還不時向他伸出左手，豎起大拇指。通常，畫家在估計人的各個部位的比例時，都用這種簡易的方法。

日本商人一見畫家的那副架勢，以為這回是在給他畫速寫了。雖然因為面對面坐著，看不見他畫得如何，但還是一本正經，擺好了姿勢。

日本人一動不動地端坐著，眼看著畫家一下子在紙上勾劃，一下子又對著他豎起拇指，就這樣足足坐了十幾分鐘。

「好了，畫完了。」畫家停下筆來，說道。

聽到這話，日本人鬆了一口氣，迫不及待地欠起身來往前一看，不禁大吃一驚。原來畫家畫的根本不是他，而是在為自己的左大拇指的速寫。

日本商人連羞帶惱地斥喝道：

「我特意擺好姿勢，你……你卻作弄人！」

猶太畫家卻笑著回應：「我聽說你做生意很精明，所以故意考察你一下。

你不問別人畫什麼，就以為是在畫自己，還擺好了姿勢。單從這一點來看，你同猶太商人相比，還差得遠哩！」

到這時，日本商人才如夢方醒，明白過來自己錯在什麼地方：看見畫家第一次畫了媽媽桑，第二次又面對自己，就以為一定是在畫自己了。

正是基於對類似於這位日本商人所犯的錯誤，猶太商人的生意經上赫然寫著一條：「每一次都是初交。」

生意就是生意，別想太多

哪怕同再熟的人做生意，猶太商人也絕不會因為曾經合作成功，而放鬆其對新接生意的各項條件的審視。他們習慣於把每次生意都看作一次獨立的生意，把每次接觸的商務夥伴都看作第一次合作的夥伴。這樣做，起碼有兩大好處：

其一，不會像前述那位日本商人一樣，因為自己對他人有了「先入為主」的看法而掉以輕心。相反，可以有足夠的戒備，防止對手可能做出的一切手腳。

其二，可以保證自己第一次辛辛苦苦爭取到的利益，不至於在第二次生意中被顧念前情而做出的讓步所斷送。生意畢竟是生意，容不得「溫情脈脈」托泥帶水。否則第一次就沒有必要斤斤計較。

猶太商人深知，由於人的潛意識，先入之見可能厲害到使人想不到去糾正它。直到事情的結果出來，大失所望甚至絕望之餘，才察覺到自己的疏忽。

今日社會上發生的諸多合約詐騙案中，有許多「善良的人」就是因顧及一個熟人，甚至僅僅一面之交的人的面子，或者一次小小的「成功」而上了別人的圈套。

所以，「每一次都是初交」實是猶太人在漫長的歷史中由活生生的商業活動所得出的高級生意經，其適用範圍已到達潛意識層次。只有一個發明了精神分析學的商人民族，才會在這種極其細微、極不容易覺察的地方，抓握如此清晰的認識，並且駕輕就熟，游刃有餘。

有意思的是，猶太商人要求自己在與他人往來時做到「每一次都是初交」，不為他人所策動，卻又總是毫不遲疑地利用他人對「第二次」的先入之見，加以策動，樂此不疲。

比上述猶太畫家還用得巧妙的是一則猶太笑話中某個賣傘櫃抬的售貨員。他不用開口，利用顧客的話，就構築好了一個「第二次陷阱」。

「先生，請您買這把漂亮的傘吧！我保證這是真正絲綢所製作的。」

「可是，太貴啦！」

「那麼，您就買這把吧！這把傘也很漂亮，而且不貴，只賣5美元。」

「這把傘也有保證嗎？」

「那當然。」

「保證這是真正絲綢？」

「您放心，我們絕對向您保證……」

「可它明顯不是絲綢的啊！」

「這個嘛……我絕對能保證它是一把傘。」

好險！顧客差一點掉進自己造出的語言陷阱。幸好他沒有把「第二個保證」當作「第一個保證」，才不至於買了一把僅僅保證它是「一把傘」的傘。

「薑還是老的辣！」猶太商人輕易地走過「輕信別人」這一關。如果全世界的商人都能像他們那樣，將可以避免多少悲劇的發生啊……

3 連老婆都不敢輕信的猶太人

眾所皆知，美國的大學教授裡面有很多是猶太人。紐約的哥倫比亞大學也不例外的擁有眾多猶太籍的教授。其中一位教授在必須上課的那一天，人卻仍在華盛頓。

教授很想在上課前趕回紐約，但是碰巧在華盛頓有一些雜事要處理，在一籌莫展之下，他只好打電話給大學研究室的秘書——瑪莉小姐。

「我說瑪莉啊！我很可能會來不及上課，但是我至少會在下課十分鐘前趕回來。不過，我已経把講義全部都錄下來了。同時，我也利用快遞把帶子寄出去了。」

於是，教授在華盛頓辦完了事情以後，搭機回到了拉卡第機場，再搭計程車趕回學校。

他抵達時，離下課時間剛好只剩下十分鐘。

他準備回答學生的問題，因此火急的趕到教室。

正因為他過度急躁，在哥倫比亞女神像的階梯上跌了好幾跤，以致在擦傷好多處之下，好不容易才抵達教室門口。

教室傳來了他美妙的聲音。

他在進入教室前，先使自己平靜下來，再打開門。在打開門以前，教室裡鴉雀無聲，他以為學生們全神貫注的在聽講，內心裡感到非常滿意。

打開門之後，只見講台上面放著一部錄音機正傳出他的聲音，而教室內卻空盪盪一個人影也沒有。

教授定睛一瞧，原來學生們的桌子上也各放著一部錄音機。

猶太人生來就處於逆境，生存的環境對他們來說，處處充滿了荊棘，充滿不確定。要適應這種環境，就必須懂得怎樣對待自己和別人。一般猶太人總是教育自己的孩子要相信自己。除了自己以外，任何人都信不得。

猶太人不相信別人的信念有時幾乎到了偏執的程度。猶太教會教育子民，必須牢守「血濃於水」的信念。也就是說，除了自己人之外，不相信他族的人。《塔木德》上說：「如果對方是猶太人，無論有沒有契約，只要答應了，就可以信任。反之，如果對方不是猶太人，縱然訂下契約，也不可輕信！」

為什麼這麼說？我們知道，猶太人是真正百分之百地講求信用。一個猶太人若違背了契約，在猶太社會中就等於被宣判了死刑——永遠不許進入猶太商界。因此，猶太人絕不敢違約，更不敢欺騙別人。至於猶太人和外國人簽約，條件也非常苛刻，合約也定得非常細緻、嚴密，生怕別人鑽了漏洞。這是由於他們多年亡國流浪在世界各地，受人欺詐為保護自己所培養起來的思想意識。

猶太人怕老婆？

猶太人雖然牢守「血濃於水」這個信念，但遇到金錢問題，永遠小心而猜疑，甚至連自己的太太都不敢相信。人是感情的動物，但金錢沒有感情！

按一般世人的習慣，夫妻是最親密的伴侶。一個人若是連自己的伴侶都不信任，他的家庭恐怕已瀕臨破裂了。家庭的一切是由夫妻共同支撐起來的。

這一點，猶太人也一樣。但許多猶太人為了不碰到婚後這些麻煩，就乾脆不結婚。這種情況在猶太富商中特別多。

有一位當律師的猶太人，很富有，已逾中年，卻仍舊孑然一身。有人問他為何不找對象結婚。他表情嚴肅地說：

「我一旦結了婚，妻子一定會覬覦我的財產。她可能等不及我咽氣，便把我謀殺了，好接收我的全部遺產。你說，我何必冒生命和財產的危險而去結婚呢？」

不相信太太、懼怕太太到這種程度，那真是有點讓人難以置信吧。

這個猶太律師月收入五十萬美金，生活十分舒適，一般是休息兩個月，工作一個月。人家忙得不可開交時，他總是開著車到處兜風。他寧願把錢花在酒吧女郎及豪華奢侈的生活費用上，也不願娶個太太。

「親密的朋友，有時候卻是最大的敵人。」

說到這裡，我們或許會問：既然猶太人如此不信任他人，總是對他人不放心，那他們會不會是自我封閉呢？顯然不是。否則，他們怎可能成為「世界第一商人」。猶太人的商業聯繫網寬廣無比，他們也積極地與外商進行合作，建立聯合公司。當然，他們對外國人不怎麼信任，尤其不信任外國人履行合約的誠意。那麼，他們如何處理這種兩難的問題呢？

猶太人辦事特別認真，一絲不苟。他們不會輕易相信交易之他方所許下的諾言，對雙方簽訂的合約，當然也持不輕信的態度。為了能使對方遵守並履行合約，他們會不惜重金，聘請高手幫助他們監督對方，以保障他們的利益不受侵犯。

花錢是為了自己的利益

藤田田曾講過一段自己的經歷：

有一天，藤田田在辦公室中正忙著處理商業函件，突然，有一位律師打電話找他：「藤田田先生，我有事想向您請教，不知您現在有空嗎？」

當時他正忙得不可開交，所處理的商業函件很重要，所以他一口回絕。可那位律師不死心，又請求道：「無論如何，請您擠出一點時間見我。」

「對不起，實在沒有空！」

「那這樣好了：每談一小時，奉上酬勞二百美金。當然，我要請教的事非常重要。」

藤田田便不再拒絕而前去面談。

那位律師是美國一家大公司的法律顧問，公司的老闆是一位猶太裔美籍人士。這個老板想和日本東京的一家公司合作，又怕這家公司違背合約。因此，那律師特地找到藤田田，想委託他推薦一位日本人為他們的公司監督日本公司，預定的月薪為一千元美金。這種職務非常輕鬆，待遇卻如此豐厚，可見他們的重視程度。

律師說明了來意，隨即把日本公司簽定的合約拿給藤田田看。藤田田看完之後，發現那張用日文寫下的合約存在許多問題，外國人卻不容易看出來。

如果那美籍猶太人士當時未曾想到要聘請對方國的監督人，他就不會發現合約中潛藏著漏洞。有了這樣的監督人，日本公司再想鑽那漏洞佔便宜就很困難了。所以，監督人的設置是非常必要的。

因此，猶太人設置監督人是關鍵之舉。有了他，便可防止許多受外商「暗算」的事發生，為公司挽回損失。所以說，即使重金聘請，也值得。

猶太人花錢找人替自己監督的做法，很值得我們學習：一來，這樣做，可以省掉自己親自監督，因為那既費精力，而且不一定有效；二來，免去了自己若不信任對手，可能造成的雙方的不快，因為自己是在「幕後」。如此好事，何樂而不為！

4 猶太人是最會律己的民族

律師修華茲又要忙著出庭了，這次不是為某個客戶。原來，他準備休掉自己的妻子。

他離婚的要求被帶到法庭處理。當著陪審員的面前，他儘量的使自己的妻子難堪。關於這一點，他非常有自信。

「修華茲夫人，妳在結婚前從事什麼工作呢？」

「我在夜總會表演脫衣舞。」

「什麼？表演脫衣舞？妳以為那是一份身家清白的人的好工作嗎？」

說出了這句話，修華茲感到非常得意，他認為他已經抓住老婆的痛腳了。

「至少，我認為它比家父的工作更為高尚。」修華茲夫人回答。

「修華茲夫人，令尊從事什麼工作呢？」

她以鄙夷的口吻叫了起來：「家父只會幫助強人欺負弱者，他是一名混帳的律師，他是一個典型的惡棍！」

猶太文化都很重視倫理的作用，都試圖在人與人之間建立起親切而友善的正常關係。同樣，在商業的經營管理中，猶太人都傾向於用倫理的作用平衡同事之間、上下之間，甚至對手之間的關係。猶太教則稱作「倫理一神教」，即以神（上帝）的名義施行仁義和道德。

己所不欲，毋施於人

出身貧寒，靠自己的天賦和勤奮，掌握了淵博的知識。在他當了猶太教的首席拉比之後，有一次，來了一個非猶太人，要他在自己「能以一隻腳站立的時間裡，說出所有的猶太學問。」可是，來人的腳還未抬起，希雷爾拉比已把全部猶太學問濃縮成一句話，告訴了他——

「不要向別人要求自己也不願做的事。」

這句話就等如孔子所說過的：「己所不欲，毋施於人。」

兩個同樣古老而優秀的民族對各自的文化精髓做了幾乎一樣的界定，原因就在於人類生活中最基本的層面是一樣的。

人所過的都是社會生活。這意味著，人與人之間最初的關係必定是一種互助互諒的關係，且必定建立在互相理解的基礎上。這種理解，從理論上說，不管有多少環節、多少障礙，在經驗上，只要同樣都是人，就可以從自身趨樂避害的原始要求上，找到理解他人的前提。「己所不欲，毋施於人」，便是一條便於掌握、應用，從而做到互相理解、互相謙讓的與人相處的原則。

當然，這是一條樸素的一般原則，在具體的環境中，必須視實際情況而運用。

《塔木德》上有個例子，很能說明這一點：

某次，一位拉比邀請六個人開會，商量一件事。可是，第二天卻來了七個人。其中肯定有一個是不邀自來。但拉比不知道這個人究竟是哪一位。於是，拉比只好對大家說：「如果有不請自來的人，請趕快回去吧！」

結果，七個人中最有名望的——那個大家都知道他一定會受到邀請的人，卻站了起來走了出去。

七個人中必定有一個人未受到邀請，但既然到了這裡，再要自己承認不夠資格，是一件難堪之事，尤其是當著那麼多人的面。所以，那位有名望的人做了退讓，可謂用心良苦。就此而言，我們可以說，這則寓言所弘揚的就是「己所不欲，毋施於人」的道德精神。

只不過，前例中的仁義者是德高望重的人。若是平常人，做得到嗎？因此，自重的人不但要堅持這一道德原則，更要懂得在恰當的時候正確地實踐它。

人所不欲，毋施於己

上文述及的例子，我們側重於發掘猶太民族那種獨具特色，周詳妥貼的智慧。除此之外，我們還隱隱然感覺到「己所不欲，毋施於人」應該是一種雙向適用的原則：健全的倫理道德體系不僅應該立此「己所不欲，毋施於人」的要求，也應該堅持「人所不欲，毋施於己」的要求。

不難看出，作為一項道德原則，「己所不欲，毋施於人」隱含著一層承認他人優先，甚至克制自己的要求，以協調人際關係的涵義。

一個人沒有權利把自己不想要的東西強加於他人，也不應該把一般人都不要的東西強加給自己。如果雙方同時面對著彼此都不需要但非要一方承擔的情況，該怎麼辦？此時，仁義者會出而承受。但這樣做或許令人感動，卻有違「道德」本身。「道德」的本意在於雙方都受益，而不是以一方受損，換取另一方的受益。

總而言之，寬人律己包含了兩個要點：「己所不欲，毋施於人」和「人所不欲，毋施於己」。既然我們都不想被人欺騙，就不應該去騙人，因為別人也不願受騙。同樣，如果在某種情況下，對人說實話是一種傷害與不禮貌，那就不應該堅持說真話，而應該講「善意的謊言」。

《塔木德》上就記載著，在兩種情況下，一個人可以說謊，也必須說謊。

其一，如果某人已經買好了某件東西，才拿來向你徵求意見。這時，即使那東西不好，你也應該說：「不錯，非常好！」

其二，朋友結婚時，你應該說謊：「新娘子真漂亮！你們一定會白頭偕老！」儘管新娘子並不漂亮，甚至剛好相反。

這樣一個特殊規定，即在明知某人已處於無可更改的情境下，是可以說謊的，目的在於安慰他，不使他為了自己的失策而懊惱。

這兩個小題大做的規定，很清楚地表明了猶太人對人際交往微妙之處的體察和把握。從中也可以看出，猶太人實際上把「他人」這個概念的外延拓得很寬，幾乎只要人在某樣東西、某件事情上傾注了一定的情感，都可以看作是他人的延伸。尊重他人，就必須尊重他人所擁有的一切。

猶太人以「律法的民族」著稱於世。對自己，猶太人遵守本民族所立的六一三條戒律，但無意把它們強加給非猶太人。拉比並不向非猶太人傳教。但根據《塔木德》的規定，為了保證彼此和平共處，非猶太人有七項約束：

1．不吃剛殺死的動物的生肉；
2．不可大聲叱責別人；
3．不可偷竊；
4．要守法；
5．勿殺人；
6．不可近親通姦

7．不可亂倫。

非常明顯，這七項約束並沒有多少「猶太味」，基本上屬於各個民族共同遵守的道德、習俗或法規。對自己有六一三條律法，對別人只用七條！其實，對一切人、一切民族來說，相處中真正重要的只有一條：相互尊重，彼此寬容。

猶太人的商業足跡劃過世界上的每個角落，創造出令人刮目相看的商業成就。儘管不時因自身的「富足」，老被稱作是吸血鬼或高利貸者，而遭到異族的鄙視踐踏和殺戮，但這活躍於商業領域的弱小民族能夠憑自己的信念和出色的商業成就而生存下來，這本身就是一項奇蹟。從某種意義上說，猶太企業家所持尊重他人的道德觀和和氣生財的理念，正是支撐他們在激烈的競爭壓力和強權夾縫中求得生存的藝術。

5 猶太商人的廣告智慧

猶太有一句諺語說——

「走楣運的人，當他的麵包從餐桌上掉下去時，塗有奶油的那一面將會朝著下面。」

愛沙克正在走楣運，正因如此，不管做什麼事情都不順利。

有一天，愛沙克跟同樣倒楣的耶可夫到飯館進食時，不小心把麵包打落到地面上。

當他撿起麵包時，恰有如長期困在黑暗裡的人突然見到陽光似的：

「你瞧！我的楣運過去啦！」

「幹嘛！你怎麼那樣興奮呀？」

「麵包掉下去時，塗抹奶油的一面朝上，我就要交好運啦！」

耶可夫聽了可是一臉的不相信，他說：

「不可能有那種事！你老兄剛剛塗抹奶油時，一定是弄錯面了！」

猶太人經商的歷史非常悠久。

但是，《聖經》時代，猶太人還處於農業社會，少有交易行為，「商人」仍是一個陌生的詞語。當時，猶太人幾乎不做買賣，僅有簡單的商業道德，譬如斤兩公道、童叟無欺之類等等。然而，這些簡單的商業道德已體現了猶太人重視公平和「講道理」的交易準則。

《猶太法典》的商業規定

隨著社會上商業興盛，交易活躍，《猶太法典》出現了，它對商業交易也做出了許多規定。拉比們基於社會逐漸進步的情況，編纂了《猶太法典》。在法典中，拉比們花費了很多篇幅，談論有關經商時應該遵守的道德。

在《猶太法典》中，商業交易適用一種特殊的原則，超乎一般生活領域的行為規範。這意味著即使是非常虔誠之人，也可根據「在商言商」的原則從事交易。但是，猶太拉比探討的多是如何成為有德的商人，而不是教導世人成為惟利是圖的奸商。由此，猶太人形成了商人必須具備商業道德的傳統。

進行交易時，猶太人認為，縱使事先未獲任何保證，也有權利要求購買的商品具有良好的品質。去購物，就是意味著所購買的是沒有瑕疵的商品。就算商家在交易中宣稱「貨物出門，概不退換」，一旦所交易的商品確有瑕疵，買方仍然有權要求退貨。並且，商家必須同意退貨。

惟一的例外是，賣方預先告知某項商品有點瑕疵，像是賣驢子時事先說明驢子有隻腳有點跛，在這種情況下完成的交易，買方不得要求退貨

因此，《猶太法典》中規定，賣方販賣有瑕疵的商品時，必須事先向買方具體說明瑕疵的情況。只有這樣，買方的權益方能獲得保障，避免遭到偽劣商品、賣方疏忽乃至故意詐欺等等行為的侵害。

猶太人在交易中，買賣由兩項要件構成：（一）是支付貨款，或者相當於貨品的代價；（二）是移交貨品。這表示賣方有義務將貨品安全地移交買方手中。之後，交易才算告成。此外，商人必須確實持有某項貨品，不得做出買空賣空的行為。猶太人從頭至尾，都在保護買方的權益。

在做生意的過程中，猶太人很注意「交易要講道理」這一經商諍言。可以說，猶太商人是世界上最講道理的買賣人。在此，所謂的道理，就是公平、不欺詐。

不能行使商品的欺騙行為

猶太人在全世界各民族中能夠崛起，成為最會做生意、最成功的商人，與他們的這一項經商智慧大有關係。

重視廣告和擅做廣告，是現代猶太商人的經商之道。然而，《猶太法典》中卻明確禁止商人使用廣告之類推銷手法。

因為猶太人認為，就某種意義上說，這類行為可以說是在耍花招，騙人去購買或進行交易。

猶太拉比允許族人戴上斗篷，使自己顯出魅力；允許族人把好衣服熨得光鮮，也允許族人捶打麻布衣服，使它顯得更薄、更精緻；允許族人給箭身塗上色彩，把籃子描成彩色——即允許族人對人對物做一些虛飾，使之更美更亮麗。

但是，《猶太法典》禁止在交易中做出虛飾。例如，禁止賣牛的時候在牛身上塗抹不同的顏色，也反對把其牠各種動物的毛髮弄得硬邦邦。因為牛塗上顏色，會比原來更漂亮，動物的毛髮刷油弄得硬邦邦，就會使動物看起來更強壯更有活力的樣子。另外，動物的肚子也不應該充氣，肉不應該浸在水裡，使牠的外觀更好看。

猶太拉比告誡商人，不能為各種工具塗抹顏色而出賣，因為工具塗上塗料，可以使其顯得新穎，更漂亮。

總而言之，猶太律法禁止為求欺人耳目而在物品上加工塗抹顏色的行為。

《猶太法典》記載了這麼一則案例：有個奴隸染黑了頭髮，並在臉上塗抹化妝品，使自己顯得年輕，用以達到欺騙買主的目的。這種行為就不合法，應該禁止。

此外，也禁止商人在銷售商品時附上任何名不副實的稱號。譬如美國廣告裡經常使用「最大的尺寸」或「最大的面積」之類誇大的用語。所謂「最大的面積」，事實上只是「某一塊特定的面積」而已。這類廣告用語在《猶太法典》中，早已明文禁止。

猶太律法禁止廣告，但是，實質上，那只是禁止虛假廣告，並不反對以實事求是的正當廣告進行宣傳。有一則這樣的故事，很能說明這個問題。

有一個貧窮的婦人以賣蘋果維生。她的攤位就設在哈西德教派的拉比家旁邊。一天，她對拉比抱怨道：「拉比，我沒有錢買安息日所需的東西。」

「你的蘋果攤生意怎麼樣啊？」

「人家說我的蘋果是壞的，他們不肯買。」

拉比哈伊姆聽了，立即跑到大街上高聲喊道：「誰想買好蘋果？」街上來往的人立刻把他圍了起來。他們對蘋果連看都不看，數都不數，就掏出錢來買。很快，所有的人都以高出實際價格三倍的價錢買了個精光。

「現在你看，」在轉身回家時，拉比對這位婦人說：「你的蘋果是好的。一切都在於人們不知道它們是好蘋果。」

由此看來，猶太人並不一味反對做廣告。只是，在他們看來，一切都必須限定在誠實的範圍內。

這就是猶太人在商業上的廣告智慧！

6 神的子民

著名的大鋼琴家魯賓斯坦居住於巴黎的期間，同一條街上也住著同名的銀行家魯賓斯坦。

因為名字相同，郵差時常送錯信件。

有一天，銀行家魯賓斯坦去拜訪音樂家魯賓斯坦，遞給他一堆信件說：

「魯賓斯坦先生，我碰到了一件麻煩的事兒，是否可以拜託您助我一臂之力？」

「真湊巧！我也正想去拜訪您呢！」

「如果您駕臨寒舍的話，您就跟我老婆說——布拉格的露依絲、華沙的伊芙、巴黎的瑪格麗特，以及羅馬的蘇菲亞都是你的相好吧！」

「那當然，那只是舉手之勞而已。」

說著，鋼琴家魯賓斯坦拆開了那些信。果然不假，那些信件都是寫給他的。接著，鋼琴家魯賓斯坦從書齊拿來一堆信件，把它們放置於銀行家魯賓斯坦面前說：

「魯賓斯坦先生，我可以對尊夫人說，那些女人寫來的信件原來是要寄給我的。不過也請您對我老婆說，我存在羅馬銀行的五十萬英鎊，存在巴黎銀行的一百五十萬美元，以及存在倫敦銀行的四十萬美元，全部都是你的！」

有兩個男人來找拉比。

第一個男人說：「我的這個朋友忘恩負義。當初他有急用，我毫不猶豫地借給他一大筆錢。沒想到期限到了，他竟然說只向我借了二十萬元，而我明明借給他五十萬元。」

另一個則辯解：「我向他借了二十萬，他竟然一口咬定是五十萬。放高利貸也不是這種放法呀！」

雙方各執己見，爭持不下。

拉比先與他們分別談話，然後三人面對面。

拉比說：「你們倆明天早晨再來一趟，聽我裁決。」

兩個人離去之後，拉比翻看了許多書籍，想對他們的心理做深入的研究。因為只有從心理入手，才能解決問題。在猶太社會，借錢是不立借據的，雙方口頭做了商定，就是協議。若有借據，什麼問題都不會出現了。

拉比推想：如果那個說只借了二十萬的人是蓄意抵賴，他大可以說一分錢也沒有借。另一個如果沒有借出五十萬，為什麼要一口咬定是五十萬，而不是七十萬或八十萬？

《猶太法典》中記載的教訓是：說謊者必定說謊到底。一個人稍微說些不利於己的謊言，他的話比較容易為人相信，而且其中多少也含有一些誠實的成分。當兩個當事者面對面辯爭時，撒謊的程度將會減輕。

拉比又想：假如借錢的人當初借了二十萬，可是還款期限到了，手邊只有二十萬，所以一口咬定只借了二十萬，這種可能性是存在的。另一種可能是：債主一時糊塗，錯把二十萬記成了五十萬。

於是，拉比再次單獨問借錢的那個人：

「你真的只借了二十萬元嗎？」

借錢的人堅決地點了點頭。

拉比聽了沉思不語。過了一會，他說：「借給你五十萬元的人是個大富翁，他並不需要非分之財，也不會在乎那區區三十萬。但是，若有第三者因為某種原因，比如說要返回以色列，去向他借錢周轉，只因為你的背信，而使他不再借錢給別人，你是否仍然堅持說只借了二十萬？」

借錢的人仍然堅持他的立場。

拉比進一步逼問：「你敢不敢到禮拜堂去，把手放在《聖經》上發誓，說你只借了二十萬元？」

借錢的男人突然俯首承認，他的確借了五十萬元。

對外族人來說，這一點可能不容易理解，但對猶太人來說，到禮拜堂去，把手放在《聖經》上發誓，是再莊嚴不過的事。在《舊約》和神面前，撒謊而面不改色、心不跳的人，恐怕只有職業罪犯了。

一般情況下，手放在《聖經》上，高達99.7%的猶太人不敢撒謊。猶太人信仰神，一切的作為都在神的見証下，因此任何人都不能欺騙神。

7 不逃避自己的責任

有個無聊的男人逢到自己發現了得意的問題時，總是會去找拉比。看著拉比目瞪口呆的表情，乃是他最感到快樂的一件事情。

今天，這個男子又去找拉比。他很得意的對拉比說：「據說，在半路上無意間碰到瘋狗時，最好就地蹲下來。不過依照咱們長久以來的習慣，在市街碰到拉比時，都非得站立起來不可。如果同時碰到瘋狗跟拉比的話，應該怎麼辦？」

「還是很簡單的問題。不過，同時碰到瘋狗跟拉比的機會少之又少。正因如此，逢到這種場合應該如何處理還沒有被確立。碰到瘋狗要蹲下去的說法一定是因為如此做比較安全，可見它是來自長年的經驗；碰到拉比要站起來，無非是對他表示敬意罷了，這也是來自長年的經驗。所以嘛……我認為咱倆不如一塊上街，以便看看人們會有什麼反應……」

《猶太法典》記載：「原以為一定會有人帶蠟燭進去，可是一走進房間，發覺整個房間都黑漆漆的，沒有一個人拿著蠟燭。其實，只要每個人都拿一根小蠟燭進去，這個房間就會像白天那般明亮。」

猶太教教理反對猶太人放棄自己的責任和義務。

《塔木德》說：「好事可以分享。但自己的責任一定要自己承擔。」

不管是把事情推給別人，還是歸咎於環境，自己的責任仍然存在而未消失。所以，猶太人一般不會把責任推給別人，總是自己動手去做。

因為人總是周圍世界的中心，不能完全抹消自己，當然也就不能抹消自己的全部責任。只要存在一天，人就會有一天的責任。即使可以把其中一半責任推給環境，自己仍須負擔另外一半。

上帝對他的使者伽百列說：「去！在那些正直人的前額上用墨水做個標記。這樣，破壞天使就不會傷害他們。在那些惡人的前額上用血做出標記，破壞天使就會消滅他們。」

這時，正義問道：「宇宙之王啊！第一種人和第二種人有什麼不同？」

「第一種人是徹底的好人，」上帝回答：「第二種人是徹底的壞人。」

「宇宙之王啊！」正義爭辯道：「正直的人有力量反抗其他人的行為，可是他們沒有這麼做。」

「你知道，」上帝回答：「即使他們反抗，邪惡的人也不會聽他們的話。」

「宇宙之王啊！」正義說：「您既然了解那些壞人不會改變，可是，那些正直的人知道這一點嗎？」

由於正直的人沒有反抗，上帝改變了主意，沒有把他們和邪惡的人分開。

這就是上帝對一個放棄自身之責任的人所做的處置。

放棄自己的責任，上帝必不寬恕

所以，猶太人在現實生活中，從不逃避自己的責任；為了負起自己的責任，他們甚至不惜傾家蕩產，犧牲性命。因為猶太人在任何時候都不放棄自己的責任，所以他們對別人講究誠信，在商場注重契約。

在猶太人眼中，人永遠無法逃避責任。自滿自欺易，卻無法逃離世人銳利的眼睛。因此，自己的責任一定要自己負。

有一個猶太人，接到美國芝加哥一家公司三萬副刀叉餐具的定貨單。雙方商定的交貨日期是9月1日。這個猶太商人必須在8月1日從本港運出貨物，才能如期交貨。

但是，由於一些意外事故，他沒能在8月1日之前趕製出三萬副刀叉餐具。他陷入了困境，但他絲毫沒有想到要給對方寫封情真意切的信，要求延期交貨並表達歉意，因為這本身就是違背契約，不符合猶太商法，並且也是逃避責任的做法。結果，他花下巨資，租用飛機送貨。三萬副刀叉如期交貨了，他卻因此損失了1萬美元。

不逃避自己的責任，自己的責任自己擔，這是猶太人為人處世的一個原則。也正因為他們這樣做了，才在世界上贏得了良好的聲譽。

Lesson 06

猶太的傳奇商家

有三種東西不能使用過多：

做麵包的酵母、鹽、猶豫。

1 羅斯柴爾德家族鬥希特勒

一九三三年，希特勒成立了第三帝國，並已顯露吞併奧地利的野心。為此，奧地利的猶太人相繼逃亡。在維也納的羅斯柴爾德家族成員也紛紛前往巴黎或瑞士避難。路易．羅斯柴爾德男爵卻為了保護家族在奧地利的財產，堅持留在維也納。路易的個性沉著、冷靜，心胸豁達。在希特勒發瘋似地向奧地利發出最後通牒時，他竟然還有心情到阿爾卑斯山享受滑雪的樂趣。

幾天後，德軍果然迅速佔領了奧地利。

一天傍晚，兩名佩戴納粹臂章的黑衫隊隊員出現在維也納的羅斯柴爾德家。管家告之：「男爵不在家，正在打高爾夫球。」兩名來勢洶洶的納粹信徒對這位上流人物的行事風格大感吃驚，憤憤地離去。

第二天，納粹又派來了六名隊員，要帶走路易。

男爵毫無驚慌之態，氣定神閒地宣稱自己必須吃完早餐才能出門。納粹隊員被他的威嚴氣勢所懾服，不得不表示同意。

男爵在納粹隊員簇擁下，走到一間極為豪華、香味彌漫的房間。一如平常日子一樣，他悠然自得地享用那頓豐盛精美的早餐，餐後還吃了水果、抽了根雪茄，然後才滿意地站了起來。路易此去前途未卜，但他一點也不慌張，依然保持著高傲的貴族氣派，隨納粹隊員登車而去。

納粹高層人物逮到了路易之後，盤算著如何利用這張王牌，奪取羅斯柴爾德家族的財產。最後，他們提出，釋放男爵的條件是：向納粹交出羅斯柴爾德家族在奧地利的財產，以及這個家族擁有的維克威茲公司的全部股權。

這個條件苛刻至極，柴爾德家族一旦答應，等於宣告家族在奧地利破產。這個家族對維克威茲公司所擁有的股權，至少五百萬英鎊以上。這可以說是有史以來最巨額的贖金。

但羅斯柴爾德家族並不急於贖人，因為他們早已做好了萬全的準備。

遠在路易男爵被抓的前兩年，羅斯柴爾德家族就考慮到德國納粹政權很可能吞併奧地利，因而已把維克威茲公司的股權轉移到英國的公司名下。這項工作進行得極其隱祕，希特勒納粹方面事先並不知情。

當然，像維克威茲這種具有戰略意義的大企業想進行股權轉移，必須先得到相關國家的一致同意，否則絕不可能辦到。不過，憑著羅斯柴爾德家族在歐洲政治經濟中的顯赫地位，做到這一點並不難。經過幾番周折，維克威茲公司的經營管理權終於轉到英國一家保險公司的名下，而這家保險公司實際上仍屬於在倫敦的羅斯柴爾德家族。

維克威茲公司既是屬於英國的公司，在英國的保護之下，根據國際法，儘管德國已吞併了奧地利，卻無權染指英國人民的財產。

納粹本以為既然吞併了奧地利，也就掌握了奧地利的所有企業；且手上持有人質，無疑是佔有了絕對的優勢。萬沒想到羅斯柴爾德家族竟敢提出談判的要求。

羅斯柴爾德家族因為並無多少財產損失的後顧之憂，所以對交換條件不做輕易讓步。對納粹所提出的要求，他們的答覆是：可以在男爵平安獲釋之後，以二百萬英鎊的價格出讓維克威茲公司的管理權。

希特勒聽後震怒不已。他原本打算做一筆無本生意，現在卻反倒要他付出二百萬英鎊，真是豈有此理！

惱怒之餘，希特勒以男爵的性命威脅羅斯柴爾德家族。但後者並無畏懼之意。雙方的較量繼續進行。此時，德國已一舉吞併了捷克，並且佔領了維克威茲。

直到這時，希特勒才獲悉它現在是英國的公司，受英國的保護。在國際法的約束下，希特勒無可奈何。最後，基本上按照羅斯柴爾德家族的條件達成了協議。不過，這項協議後來因第二次世界大戰的爆發而沒有履行。

羅斯柴爾德家族面對強大的希特勒，冒著財產的損失，甚至生命的危險，於逆境中從容、鎮定，巧妙地靠著機智與希特勒周旋，最終取得勝利。像這樣一著處亂不驚，從容調度，化解風險，化險為夷的大手筆，堪稱經典。

2 從貧民窟走出的股票大師

一九〇八年五月，一場無情的熊熊大火燒把年僅八歲的約瑟夫．賀希哈燒成了小乞丐。與母親和兄弟姊妹賴以棲身的小房子只剩下斷壁殘垣，揚起縷縷青煙……兄弟姊妹被領養走了。一對老年夫婦要領養小約瑟夫。這時候，他彷彿才從夢中驚醒：「就是當乞丐，我也要和媽媽在一起！」小約瑟夫從小失去了父親，再也不能離開母親了。

大火燒出一個小乞丐，也燒出一個會思考的男孩。

小約瑟夫不懂，為什麼有人享福，有人受苦。他也要去享福的世界，他要逾越那條貧賤和高貴之間的鴻溝。

他和母親來到紐約。高樓林立的大都市景象，讓這個從鄉村裡來的小傢伙目不暇接。他還沒有看夠這個世界，就被母親帶到和剛才完全不同的世界——紐約布魯克林區內雜亂骯髒的貧民窟。後來，有一次，母親不幸被火燒傷，住進了醫院。她住的是亂烘烘的大病房，那些有鮮花、地毯、白衣天使特別護理的病房，他的母親當然無緣問津。水果、鮮花、食品店比比皆是，自己卻飢一頓、飽一頓，在垃圾桶裡找東西吃。這一切都是因為沒有錢。

那聲鄙夷的「窮鬼」，刺痛了小約瑟夫的自尊心；那塊餅乾不重，卻砸碎了小約瑟夫的心。他體會到：沒有錢，永遠會被人看不起！他要擁有金錢。

一九一一年，春暖花開的季節，曼哈頓區百老匯街紐約證券交易市場熙熙攘攘。年僅十一歲，剛上小學五年級的約瑟夫也在這裡穿梭，看著，聽著，想著。一無所有，可以轉眼間擁有百萬……他的血液在沸騰：「這裡就是我的天堂，我一定要加入這個行列！」

三年後，十四歲的約瑟夫，個子已長得老高，腰挺背闊，已從一個小男孩長成了一個男子漢。他沒有徵得母親的同意，就不假思索地辭掉了在當時看起來很不錯的珠寶店小伙計的工作，雄心勃勃地要向紐約證券交易所的露天市場進攻。他年輕無知，怎麼也沒想到當時第一次世界大戰剛開始，紐約證券交易所一派冷冷清清，往日熱鬧非凡的景象已蕩然無存。

他不得不重新找工作。但他決心找一個與股票有關的工作。然而，沒有一家公司的大門向他打開。他幾乎絕望了。就在他精神瀕臨崩潰，準備回家接受母親的責罵之際，依奎布大廈的愛迪生留聲機公司終於露出了天使般溫柔的面龐。他做了這家辦公室的收發員，中午還兼任接線生。他滿腔熱情地開始工作。不久，他發現，雖然愛迪生留聲機公司發行並且經營股票，但他所從事的工作與之毫不沾邊。

終於，他在上班六個月後的一天上午，鼓起萬分勇氣，敲開了總經理辦公室的門，鎮定地走了進去，大膽地迎著總經理由驚愕變得咄咄逼人的目光：「我要做您的股票經紀人。」

膽量是股海沖浪的首要條件，他的膽量征服了總經理。兩個星期後，他開始為總經理繪製股票行情圖。

從不熟悉到熟悉，約瑟夫兢兢業業地繪製了三年的股票行情圖。為了多賺些錢貼補家用，他又為勞倫斯公司做同樣的工作。經過耳濡目染和苦心鑽研，他的炒股知識和經驗不斷增長，越來越成熟。這個股市的門外漢終於踏進股市的大門。

一九一七年，約瑟夫十七歲，他不再受僱於人。雖然他只有255美元，但他決定開創自己的事業。

不到一年，他炒股一帆風順，賺了將近十七萬美元。不幸，被勝利沖昏了頭，他買下大量因戰爭結束而暴跌的雷卡瓦那鋼鐵公司的股票，轉眼間賠得只剩下四千美元。這一來，他明白了股市的變幻莫測，憑著自己的知識和經驗，還差得遠。為此，他瘋狂地學習並遍訪各路股市高手。他沒有被困難嚇倒。他尋思：現在總比初涉股市時的本錢多，一定要再幹下去。

一九二四年，他發現未列入證券交易所買賣的某些股票實際上應該有利可圖。這些股票的利潤雖然不算太大，但風險極小。為此，他就把精力放在這些股票上。起初因資金不夠，他就和別人合資經營。不到一年，他就開設了自己的證券公司——賀希哈證券公司。

到一九二八年，他一舉成為股票大經紀人，每個月收益達二十八萬美元。那年，他才二十八歲。在當時的金融業中，一個初出茅廬的小伙子就擁有這樣一方領地，委實不多見。

其後，經濟危機迅速席捲了美國，又從美國蔓延到西歐，工農業生產下降了三分之一。美國的生意已經很難做了，今後的道路應該怎麼走？

約瑟夫把眼光轉向礦產豐富的加拿大。一九三三年，他在多倫多開設了證券公司，成為當地屈指可數的大經紀商。同年四月，他與加拿大產業巨子拉班兄弟聯手開設戈納爾黃金公司，以每股20美元的廉價取得公司59.8萬股的上市股票。在他們的參與下，這家公司的股價扶搖直上，三個月後漲至每股25美元。他見股價漲得過熱了，料定會出現大的滑坡，因此悄悄賣出。果然如他所料，十月股價大跌。他因先見之明，淨賺了一百三十萬美元。

從一九三三年到一九五三年的三十年間，約瑟夫不僅擁有了金礦，還吞併了諸如鈾礦、鐵礦、銅礦、石油等諸多礦產業。除此之外，他的房地產生意也做得很紅火。他的事業蒸蒸日上，取得了輝煌的成就。

約瑟夫從衣衫襤褸的乞丐，成為擁有億萬財產的富翁，但他從不忘記與自己長期合作，患難與共的伙伴，更沒有忘記生他養他，受盡苦難的母親。

他所信仰和奉行的是：

去探索善良吧！那是一片廣袤而靜悄悄地領域。

這個窮人出身的富人，並沒有忘記這個世界還有窮人。

他始終不能忘記自己曾經歷過的那段生活。他向學校捐款，使貧窮人家的孩子有機會接受教育；他向盲人醫院、孤兒院捐款，使殘疾人和無依無靠的孤兒能過得更幸福。他特別喜歡資助那些貧窮又富有藝術才華的學生，幫他們把全身心都投入藝術。有人這樣做是為了贏得公眾的歡心，從而更有利於公司的發展。約瑟夫不是這樣。他不准下屬和受贈單位張揚。

他的事業並不只是賺錢，並不只是股票投機生意，他的慷慨大方而又悄聲無息的捐贈，他對藝術的熱愛和對藝術人才的關愛，都是他人生價值的體現，他的事業。做股票，獲取金錢，只是他實現人生價值的基礎。沒有這個基礎，就談不上捐贈，也談不上追求藝術。

他說，做股票投機生意，使他體會到生活的樂趣和生命火花的激盪，使他感覺到自己還年輕，還有敏捷的思維，還能和年輕人搏一搏。他說，一時的輸贏並不重要，重要的是個性的充分展現。他說了一段很瀟灑的話：「不要問我能贏多少，而要問我輸得起多少。」

從貧窮到富有，從乞丐到富翁，從約瑟夫令人驚心動魄的傳奇經歷中，我們不難發現，通往富有的道路就在你的腳下。只要你執著地去追求，用心地去把握機會，果斷地運用你的膽識，富有就實實在在地在你身邊。

3 把失敗當作奠基石的巨人

羅森沃德是美國最大的百貨公司西爾斯．羅巴克公司的最大股東，也是美國二十世紀商界的風雲人物。實際上，這個做服裝生意起家的富翁最初也經歷了許多創業時的失敗與艱辛。

羅森沃德一八六二年出生於德國的一個猶太家庭。少年時，他隨家人移居美國，定居在伊利諾州斯普林菲爾德市。

他的家境不好。為了維持生活，中學畢業後，他就到紐約的服裝店當雜工。年幼時，他因受猶太教育的影響，已確立艱苦奮鬥的精神。他確信凡人皆有出頭日，一個人只要選定了目標，堅持不懈地往目標邁進，百折不撓，必定可以取得勝利。

「我要當一個服裝老板。」這是羅森沃德定下的目標。為了實現這個目標，他除了勤奮工作和注意周遭動態外，把全部的業餘時間用於學習商業知識，找有關的書刊閱讀。

一八八四年，他自認為有些經驗和小本金了，決定自己開設服裝店。可是，他的商店門可羅雀，生意不佳。經營了一年多，他把多年辛苦積蓄的一點點血汗錢全部虧光了，商店只好關門。他垂頭喪氣地離開了紐約，回到伊利諾州。

痛定思痛，羅森沃德反覆思考自己失敗的原因。最後，他找出了原由：服裝是民眾的生活必需品，但又是一種裝飾品。它既要實用，又要新穎，才能滿足各類用戶的需求。而自己經營的服裝店，沒有自己的特色，也欠缺任何新意，再加上自己的商店未建立起商譽，沒有銷售渠道，只能注定失敗。

針對自己這些出師不利的缺點，羅森沃德決心改進。他毫不氣餒，繼續學習和研究服裝的經營法則。他到服裝設計學校去學習，並進行服裝市場考察，特別是對世界各國時裝進行專門研究。

一年後，他對服裝設計已很有心得，對市場行情也看得頗為清楚。於是，他決定重振旗鼓，向朋友借來幾百美元，先在芝加哥開設一間只有十多平方米的服裝加工店，除了展出他親自設計的新款服式圖樣外，還可以根據顧客的需求，改進已定型的服裝式樣，甚至完全按顧客的口述要求重新設計。因為他的服裝設計款式多，新穎、精美，再加其經營靈活，很快博得了客戶的欣賞，生意十分興旺。

兩年後，他把自己的服裝加工店擴大了數十倍，正式改為服裝公司，開始接受一批又一批的訂單，生產各種時裝。從此以後，他財源廣進，名聲鵲起。

在人生的旅途中，失敗時常會發生。我們每個人都不必太悲觀，因為失敗並不意味著已失去希望。相反，活用失敗與錯誤，是自我教育和提升的有效途徑。商場如戰場，成功的背後，可能面對更多失敗的辛酸。既然從商，就應該學會不屈不撓、永不氣餒。

愛迪生一生有一千項科技發明。有人問他，經過許多實驗而失敗，是否會感到心灰意冷。他回答：「不！我拋棄了錯誤的試驗，重新採取別的方法，絕不沮喪！」的確，面對失敗，一定要記住：絕不氣餒！

現代管理學說：失敗是學習曲線和經驗曲線的自變量。只有經歷過失敗，才能汲取教訓和積累經驗，為下一次做好準備。

猶太人面對失敗、挫折時，遵循的法則就是：

1. 對「失敗」持健康的態度，不要恐懼，懂得失敗乃是成功必經的過程。
2. 不要執著於過錯與失敗！應對準遠大的目標，活用自己的過錯或失敗。
3. 遇到失敗，千萬不能氣餒，要堅忍不拔，矢志不移。
4. 發現此路不通，不要死腦筋，要設法另謀出路；必須順應環境，適應潮流。
5. 善於伺機，巧於乘勢，等待機遇。

4 亨利・彼得森的創業史

在世界鑽石市場，猶太人佔據了絕對的統治地位，而亨利・彼得森絕對是其中的執牛耳者。

一九〇八年，亨利・彼得森生於倫敦一個猶太人家庭。幼年時，父親便與世長辭，家庭生活的重擔落在母親身上。為了生計，母親帶他移居紐約。十四歲時，母親勞累過度病倒了，小亨利不得不結束半工半讀的生活，全心做工賺錢。

十六歲，小亨利到一家珠寶店當學徒。珠寶店的老板猶太人卡辛是紐約最好的珠寶工匠之一，那些有錢的貴夫人、太太、小姐，對卡辛的名字就像對好萊塢電影明星一樣熟悉。卡辛手藝超群，凡經過他親手鑲嵌的首飾，都能賣到很高的價錢。只是，他像許多猶太大亨一樣過於目中無人，而且言語刻薄，對學徒更是極其嚴厲，有時簡直到了暴虐的程度！

小亨利開始上班。第一天，卡辛讓他練習敲石頭。一塊拳頭大小的石頭，要求用錘子和鑽子打成十塊形狀、尺寸相同的小石塊，並規定不幹完，不許吃飯。石頭質地不是特別堅硬，卻是一層一層的，稍不小心，錘子和鑽子就會像開玩笑似的，把石頭鑿下一大塊；更何況，每塊石塊要一樣大更是加倍困難。一天下來，小亨利腰酸腿痛，四肢發軟，眼睛發脹，卻沒能完成老板的任務。

實際上，這是一項永遠也不能做到合乎要求的工作。卡辛要小亨利這樣幹，目的是練習他的基本功，考驗他的毅力，磨練他的意志。亨利哪知道這些啊！他只是一味地敲呀、鑿呀，一會兒充滿希望，一會滿是懊喪，一會兒煩躁惱火，一會兒無精打采，真是滿腹說不出的酸甜苦辣。

日復一日地敲打，一鏨一鏨地雕鑿，不知打碎了多少石頭，也不知流了多少汗水，更不知磨出了多少個血泡，小亨利盡自己的努力，默默地幹著，順利時看不出什麼喜悅的表情，失敗時也不見懊惱。

五個月過去了，小亨利與剛進店時相比，就像換了個人似的。他已能夠熟練地完成老板交代的工作，其頑強的毅力也贏得了老板的稱讚。

隨著亨利技藝的提高，卡辛對他越來越信任，一些不輕易交給別人做的貴重寶石也試著讓他加工。亨利非常認真，一絲不苟，常常為了趕做急活而通宵達旦。卡辛對他的工作非常滿意，他的工錢從每星期3美元增加到7美元，不久又增加到14美元。正當一帆風順的時候，命運和他開了個大玩笑，卡辛對他產生了誤會，以致發展到師徒之間絕了情分。結果，亨利．彼得森不得不離開卡辛的珠寶店。學徒生涯從此結束。

彼得森不得不另找工作。然而，時值經濟大蕭條，他幾乎找不到工作。他想自己租攤做首飾加工，可他沒有本錢。他幾乎絕望了。這時，一個叫詹姆的猶太技工幫了他一個大忙。

詹姆與彼得森是在卡辛珠寶店裡當學徒時認識的。此時，詹姆與他人合資，在紐約第七街附近開了一爿小珠寶店。彼得森因走頭無路，就去找他想辦法。詹姆的小珠寶店店面很小，約十二平方米，已經擺了兩張工作枱。但他很熱心，看到彼得森處境艱難，就想方設法說服了合夥人，讓彼得森在這個小房間裡再擺一張工作抬，每月收10美元的租金。

身無分文的彼得森無力預付房租，所以必須立即找到活兒幹，否則這個機會就會失去。他不善言辭，但為了交房租，不得不去推銷自己的手藝。可他沒有實實在在的樣品，寶石又很貴重，誰能把貴重的東西輕易交給自稱手藝高的陌生人呢？眼看半個月過去了，他還是兩手空空，房租依然毫無著落，他心裡非常著急。

問題出在哪兒呢？晚上躺在床上，彼得森苦苦思索著，檢討自己半個月來的作為。噢……他明白了：是自己的方式太莽撞了！冒冒失失地按人家門鈴，張口就要人家的寶石，人家怎麼會沒有戒心呢？從此，他改變了推銷自己的方式。他把有能力置辦首飾的人記在小本上，然後分別寫信介紹自己的專長，並講好何時上門服務。信寄出後，他按時登門拜訪。

到了第三天，他攬到了第一筆生意。有一個貴婦人有一枚2克拉的鑽石戒指鬆動了，需要緊固一下。她在交出戒指之前，鄭重地問彼得森是跟誰學的手藝。一得知面前這個首飾匠是卡辛的徒弟，她就放心地把戒指交給他。

這對彼得森來說，是一個重大發現：想不到卡辛的名字在這些有錢人心中有如此大的分量。他馬上想到借助卡辛的名氣攬生意。這主意不錯，他的顧客中沒有幾個不知道卡辛的。

但好景不長，由於詹姆的合夥人眼紅，要彼得森馬上搬走。他又一次面臨失業的深淵。沒辦法，彼得森只得另找房子。他在報紙廣告欄上看到一則啟示：一個賣手錶的人因房租太貴，想找個人搭夥合租。他按照報紙上的地址找到這個地方。實際上，這房子不比詹姆的房子大多少，租金卻要每月20美元，並且必須預付。彼得森囊中拮据，只得四處求人，好歹借了錢，付了房租。他鋪開攤子，重新開工。

但命運的捉弄並沒有結束，經濟危機仍在持續，無數家企業接連倒閉，那手錶商也沒能逃脫這一厄運，因難以支持下去而收攤了。於是，房東通知彼得森，要嘛將整間房子租下來，要嘛搬出去。彼得森這個月無論如何也付不起40美元，但他已經接了一個廠商的活兒，若搬走的話，就無法如期交工了。他與房東交涉，房東勉強同意七天後收取租金。他夜以繼日地趕，終於按期交工。那位廠商得知他因無力交房租，可能被迫搬走，感到很惋惜，願意借給他20美元。彼得森感激地接受了。誰知，那狡詐的房東存心敲他竹槓，非要他從月初付起，理由是房間就他一個人，那一半沒有別人用。

房租增加了一倍，彼得森只有拼命幹，才能維持生活。他每天早晨六點半起床工作，直到凌晨二點才躺下。他的苦沒有白吃，一年多下來，他的加工技術提高到一個新的水平，受到眾多客戶的稱道。在首飾行業中，這個無名小卒，已經成為小有名氣的工匠師了。

一九三五年秋是彼得森創業生涯中的一個重要轉折點。一天上午，一個陌生人敲開了他的店門。來人是當時大名鼎鼎的猶太首飾商梅辛格。

梅辛格此次來找彼得森，是為他在紐約地區的銷售網長期訂貨的。這正是彼得森夢寐求之，企盼不得的美事。梅辛格得知他的手藝是跟卡辛學來的，更加信任，立即授權他按照自己的想法設計，按照自己的方式加工，不受其它條件的約束，為他充分發揮自己的聰明才智提供了機會。

彼得森對梅辛格的訂貨從不馬虎，每一件產品都親自反覆核對檢查之後，才敢出手，即使一點小小的瑕疵，也多次返工，直至修到滿意為止。他成了梅辛格的特約供應商。從此，他的經濟收入穩定了，每星期起碼可掙到30美元。那時，從事珠寶加工業的人能有這樣收入的並不多。正因如此，他的手藝得到上流社會的承認，名聲大噪，找他的人越來越多。為此，他一個人已應付不了。正在這時候，詹姆因為與合夥人發生糾紛而分手了，彼得森就把他請來一塊兒幹。即使兩個人合作，仍然無法應付。於是兩人商議，打算設立一家小型工廠。

第二天，彼得森換租了一間大房子，又僱了兩位雕刻匠，擴大了加工規模。就在這裡，新的打擊出現了——新澤西州一家舊時的工廠恢復了正常運轉，不再需要他。這個廠一直是他最大的顧客，斷了這條路，他擴大規模的努力不但白費，反而使自己陷入困境。

彼得森面臨了嚴峻的考驗。如果他辭去僱工，退掉房子，還幹以前的行當，憑著「卡辛的徒弟」這塊牌子、梅辛格的賞識和自己的名氣，也可以過得不錯。若是試圖生產首飾，雖然可以不依賴別人，但所需的資金太大，自己沒有足夠的資本開業。他必須做出抉擇。

彼得森回顧了自己的前半生。他所作過的首飾不計其數，其中不乏價值昂貴的珍品，這些首飾都傾注了他的心血，但他心中都沒有留下深刻的印象。偏偏是自己當初定婚時，用15美元的本錢為未婚妻作的戒指，好像鑲在他的記憶裡似的。他永遠難以忘記妻子當時戴在手上時那種興奮、喜悅的眼神。於是，他在詹姆的鼓勵下，決定保持現有的規模，專門生產訂婚、結婚戒指。

「特色戒指公司」創立了。但訂婚戒指的生產由來已久，想在經營上生意興隆，就必須創出自己的經營特色。

經過多方面考察，彼得森在訂婚戒指圖案的表現手法上動腦筋。因為象徵愛情的首飾大多以心形構圖，這已為廣大消費者所公認和接受，他也不例外。可是，在構圖的手法上，他就表現出自己的獨特領會。

他把寶石雕成兩顆心相抱的形狀，象徵夫妻或戀人間心心相連，，再用鉑金鑄成兩朵花，將寶石托住，喻示愛情的美好與純潔；兩朵鉑金花蕊中各有一個天使般的嬰孩，一個是男嬰，一個是女嬰，手中拉著拴在寶石上的銀絲線，以此祝福新郎新娘未來得建美滿幸福的小家庭。僅這一設計，就能看出彼得森的獨具匠心了。

還不只這些。他作的戒指表面看都一樣，其實各不相同。文章就出在男女嬰孩所拉的銀絲線上——那銀絲線上有許多類似多股搓在一起的皺紋，實際上是手工鏤刻出來。「皺紋」的數目可以隨意增減。這就為購買者留出做記號的餘地。例如男女雙方的生日、訂婚日期、結婚年齡或其它私人祕密，都可以通過銀絲的「絲紋」多少表示出來。

這一成功的設計，為彼得森的事業打下良好的基礎，生意漸漸興隆起來。之後，他從加工業過渡到自產自銷。

彼得森沒有在此停步不前，他不斷地探索戒指生產的新工藝、新方法。一九四八年，他又發明了鑲戒指的「內鎖法」。

傳統鑲嵌戒指的辦法，是用金屬把寶石包托起來。這樣，寶石有近一半的表面積被遮住。也就是說，一塊寶石料作成首飾後，至少小了三分之一。因為，萬一安裝不牢，貴重的寶石就可能丟失。經過一個星期的研究、試驗，彼得森發明了新的聯接法——內鎖法。用這種方法製造出的首飾，寶石的90％暴露在外，只有底部一點面積與金屬相連接。

這項發明很快獲得了專利，珠寶商爭相購買，彼得森沒花本錢，就賺了大筆技術轉讓費。在榮譽之前，他的進取心有增無減。他不斷地觀察和研究戒指的構造，終於在一九五五年，又發明了一種「聯鑽鑲嵌法」。採取這種方法，把兩塊寶石合在一起作成的首飾，可使1克拉的鑽石看起來像2克拉那樣大。這對大多數消費者來說，當然極具吸引力。

正是這些獨出心裁的設計所起到的新奇效果，使得彼得森的事業得到長足的進展，生產規模不斷擴大，雇用人員大量增加。在長久艱苦的奮鬥之後，彼得森終於成為一代鑽石大王。

5 以柔克剛——薩洛蒙傳奇

早年奧地利奉行十分頑固的反猶太人政策。後來，奧地利政府出現財政上的困難，為了籌集軍費和發行政府公債，不得不借助猶太人的金融頭腦和理財能力。羅斯柴爾德家族發現時機已趨成熟，立刻派遣次子薩洛蒙到奧地利開闢新天地。

薩洛蒙到達奧地利後，經過一番深入的考察，制定了一套巧妙的計畫。他看出不能直截了當，態度強硬，必須展開迂迴柔和的攻勢。理由很簡單：在眼下的反猶風潮下，採取任何對抗性的手段，都無異於火上澆油，對自己極為不利。

另外，羅斯柴爾德家族在決定由發跡的法蘭克福向奧地利擴展的時候，便和奧地利政府的高級官員祕密接觸過。羅斯柴爾德家族想遷入的打算，使他們頗為動心。想想隨之而來的巨額稅金收入和連鎖產生的好處，奧地利政府十分爽快地許諾，給予羅斯柴爾德家族特別的遷移許可。不料前來奧地利的只有薩洛蒙一人，不免讓奧地利政府大失所望，甚至產生了受騙上當的感覺。

為此，薩洛蒙必須首先扭轉奧地利政府的這種觀感。他提出了承包奧地利國家公債發行權的申請。不過，他不想讓這種公債成為一般性的國家公債，打算將其附上彩券，使之成為一種從未見過的獨創性國家公債。設想公布以後，因奧地利公眾的保守，加上其根深柢固的反猶意識，對這種新式的高利率公債感到強烈的憤怒，一時間，批評抵制之聲不絕於耳。不過，薩洛蒙不為所動，保持著極大的信心，鎮定、溫和地面對這股反對的浪潮，巧妙地透過報紙等傳播媒介的影響，激發人們投資的熱情。

情況的發展最終完全如薩洛蒙所預料，羅斯柴爾德家族的顯赫名聲消除了人們的顧慮，彩券激起了人們的投機心理，國家公債開始暴漲。結果是政府籌到了大筆款項，買債者也得了利。當然，薩洛蒙更是狠賺了一把。

就這樣，薩洛蒙在強烈反猶的奧地利首都維也納扎下了穩固的地桀，甚至成了該市的榮譽市民。

接下來，在奧地利修建鐵路這件事情上，薩洛蒙再次將他巧妙的處事方式和魅力十足的談判技巧發揮得淋漓盡致。

史蒂文森發明了蒸汽火車之後，英國便對鐵路未來的發展給予了高度的重視。但奧地利人非常保守，要他們快速接受「不用馬的交通工具」可說困難重重。即使是那些對火車略知一二的知識分子，在他們的印象中，那也是個惡魔般的龐然大物。想在這裡發展鐵路事業，當真是充滿危機。

但是，薩洛蒙決定冒這個險。

經過將近五年的謹慎籌備，他終於向當時的奧地利皇帝斐迪南一世提出申請，要求開歐洲大陸之先河，構築從維也納至巴伐利亞，長約一百公里的大規模鐵路。由於事先已經和宰相等重要大臣做了充分的接觸，此項申請沒有費多大的周折，便得到皇帝的批准。但是，果然招來社會各界的強烈反對。

維也納的各家報紙充斥著對薩洛蒙的攻擊性言論，以醫生為首的許多專家學者紛紛站出來慷慨陳詞：

「人類的身體無法承受時速24公里以上的速度。坐在這種惡魔般的龐然大物裡面，任由它在奧地利橫行，乘客將會七竅流血。即便不死，在通過隧道時，乘客亦會窒息而亡。換句話說，火車就是一具巨大的棺材。」

「現今社會日益忙碌、緊張，人的精神已經處於過度疲勞的狀態；再加上乘火車造成的緊張感，必會完全瘋狂。」

「不能讓這機械的惡魔在神聖的帝國存在！粉碎猶太人的陰謀！」

薩洛蒙陷入四面楚歌的境地。奧地利的金融界人士也趁機煽風點火，宣稱由外國人投資鐵路事業，將會招來國家利益莫大的危機。

當然，憑著薩洛蒙與包括首相在內的帝國內閣之間非同一般的關係，他大可不必理睬這些反對之聲，來個先下手為強。但他沒有這樣做。他知道，強硬的手段只會招來更強硬的反對。他最擅長的便是迂迴之道，相信任何事都必定可以透過溫和的方式解決。

猶太人之所以能夠生存下來，除了注重金錢之外，另一個原因就是他們擁有克服危機的智慧。他們堅信，只要肯動腦筋，世界上沒有解決不了的難題。

這一次，薩洛蒙利用了股票的魅力。他宣稱，為了籌集鐵路建設的資金，首期發行的一萬二千股股票，其中八千股屬於羅斯柴爾德家族所擁有，剩下的四千股將向外募集。結果，就連那些堅決反對修建鐵路的人也踴躍提出申請。

最後，公開募集的四千股竟收到將近八倍的申請函。這一招如此成功，正應了一句猶太格言：「金錢一旦作響，壞話隨之戛然而止。」

不過，在這一成功背後，有一隻看不見的黃金之手正祕密操縱著。薩洛蒙僱了一批人前來申購股票，使它的行情急速上漲。自然，外人無從得知這一手。

薩洛蒙乘勝前進。他向皇帝要求，把這條從維也納至巴伐利亞的鐵路命名為「斐迪南皇帝北方鐵路」。

這條鐵路是歐洲最早、最大的一條正規鐵路，沿線的地圖、車站及車輛本身都嵌上皇帝的名號，皇帝豈不是可以名傳千古嗎？皇帝毫不猶豫地批准了這項請求。

薩洛蒙趁熱打鐵，請樞密院長和財政大臣支持，提議在鐵路的標識板和文件上印上兩人的姓名。至於首相，薩洛蒙則請他擔任鐵路的名譽保護官。

「斐迪南皇帝北方鐵路」的名稱產生了魔術般的效果。羅斯柴爾德家族的鐵路變成了奧地利帝國的鐵路，當然沒有人膽敢再反對這項鐵路建設。

隨著時光的流逝，由薩洛蒙在維也納奠基的羅斯柴爾德家族成為全奧地利最大的財閥。羅斯柴爾德家族的興起，充分體現了猶太人的生財之道和民族特性。

在二百多年的輝煌歷程中，這個家族始終保持著不竭的創造力和強大的凝聚力。雖然支脈龐多，但它一直保持著一種相互支持、促進的力量。

在反猶浪潮滔滔洶湧的環境之下，他們運用智慧，沉著迎戰，屢屢化險為夷。特別是在同希特勒的較量中，他們更是憑藉財富和非凡的智慧，令納粹頭子的訛詐處處落空，卻又無可奈何。他們拒絕向反猶國家貸款，抵制反猶國家，並積極投入猶太人的慈善事業、甚至猶太復國運動。被全世界猶太人讚頌為「真正的大憲章」的《貝爾福宣言》（一九二六年猶太人欲返回中東重新建國的重要宣言），是以英國外交部致羅斯柴爾德家族英國支脈的納撒尼爾·邁耶·羅斯柴爾德勳爵的形式發表的。

羅斯柴爾德家族不但是經濟世界中的金融舵手，在猶太民族的整體生活中也是當之無愧的「紅盾牌」（德語的羅斯柴爾德「Rothhild」，意為「紅色之盾」）。

〈全書終〉

國家圖書館出版品預行編目資料

猶太人的經營思考／林郁主編 -- 初版-- 新北市：
新潮社文化事業有限公司，2022. 10
面；　公分
ISBN 978-986-316-843-0
1. CST：商業管理　2. CST：成功法　3. CST：猶太民族

494　　111011660

猶太人的經營思考

主　　編　林郁
企　　劃　天蠍座文創製作
出　　版　新潮社文化事業有限公司
出 版 人　翁天培
電話 02-8666-5711
傳真 02-8666-5833
E-mail：service@xcsbook.com.tw

印前作業　東豪印刷事業有限公司
印刷作業　福霖印刷有限公司

總 經 銷　創智文化有限公司
新北市土城區忠承路 89 號 6F（永寧科技園區）
電話 02-2268-3489
傳真 02-2269-6560

初　　版　2022 年 10 月